# Handbuch
Material
Technologie

Nicola Stattmann

# Handbuch Material Technologie

Zweite, erweiterte Auflage

avedition

Rat für Formgebung
German Design Council

**Inhalt**

Die Materialforschung hat sich in den vergangenen Jahren zu einer der Schlüsseldisziplinen für das 21. Jahrhundert entwickelt. Wichtige, wenn nicht gar die wichtigsten Impulse für die Entwicklung innovativer Produkte kommen aus der Materialwissenschaft und dem Umgang mit Materialien. So hat sich im Produktdesign das Verhältnis der originären Gestaltungsmittel Form, Farbe, Material deutlich zugunsten der stofflichen Komponente verschoben. Längst vergangen sind die Zeiten, da spektakuläre Formen den Produkten Vorteile im Markt verschafften. Vielmehr entsteht in unserer Warenwelt eine Kultur der feinen Unterschiede, in der die Verwendung eines bestimmten Materials oder die visuellen und haptischen Eigenschaften einer Oberflächenstruktur für ein Produkt zum entscheidenden Differenzierungsfaktor werden.

Gleichzeitig weist diese Entwicklung darauf hin, in welcher Weise sich unser Verständnis von Innovationen im Bereich der Materialien gewandelt hat. Denn bis vor wenigen Jahren beschränkte sich die Forschung darauf, Materialien technisch zu qualifizieren, das heißt, ihnen Eigenschaften anzutrainieren, die sie widerstandsfähiger, elastischer oder hitzebeständiger machen sollten. Das Bemühen der Hersteller, Materialleistungen ständig zu optimieren, entstand durch die Anforderungen einer auf Quantität ausgerichteten Wettbewerbsfähigkeit der Industrie. Doch die rein quantitativ bestimmte Logik der produktiven und technischen Kultur funktioniert für unser heutiges Wirtschaftsgefüge längst nicht mehr. Qualität statt Quantität ist nicht nur die Folge eines stärkeren ökologischen Bewußtseins, sondern Ausdruck eines avancierten Konsumbedürfnisses, das auf eine Erhöhung der Erlebnisqualität von Produkten zielt. Materialien sind heute demnach auch nicht mehr nur die Stoffe, aus denen die Dinge sind, sondern in erster Linie Träger dieser Erlebnisqualität. Über die Unmittelbarkeit ihrer sinnlich erfahrbaren Präsenz hinaus vermitteln sie zugleich komplexe Wertvorstellungen und transportieren das Identitäts- und Kulturverständnis der Produkthersteller. Um so mehr ist das Wissen um Materialien und ihre Eigenschaften zu einer der Grundvoraussetzungen erfolgreicher Produktentwicklung geworden.

Da Materialwissenschaftler, Techniker und Designer es aber gewohnt sind, in eigenen disziplinbeschränkten Sprachen zu kommunizieren, kommt gerade der Vernetzung der Disziplinen und der Entwicklung geeigneter Kommunikationsformen besondere Bedeutung zu. Das vom Rat für Formgebung herausgegebene Handbuch Material Technologie, das in die zweite aktualisierte Auflage geht, will hierzu einen Beitrag leisten – über neueste Entwicklungen informieren und dem gegenseitigen Verständnis eine Brücke bauen.

Andrej Kupetz
Geschäftsführer und Fachlicher Leiter
Rat für Formgebung / German Design Council,
Frankfurt am Main, Juni 2003

## Zwischen Rohstoff und Produkt

### Design im Kontext

Mit der Schriftenreihe „Design im Kontext" bietet der Rat für Formgebung/ German Design Council ein internationales Forum für Themen mit gestalterischem Bezug. Stets geht es darum, Anstöße zu geben, neue Denkansätze zu formulieren und Diskussionen in allen Bereichen der Gestaltung anzuregen. Mit diesem neunten Band der Reihe liegt erstmals ein Nachschlagewerk vor, das die Brücke zwischen den titelgebenden Entwicklungen und seinen potentiellen Nutzern schlägt.

Die Produktgestaltung, die Arbeitsweise der Designer, hat sich durch unterschiedlichste Faktoren in vielen Punkten geändert. Durch den technischen Fortschritt der vergangenen Jahrzehnte haben sich neue Technologien ergeben, bzw. wurden alte weiterentwickelt. Die Veränderungen haben u.a. bewirkt, daß es heute Materialien mit Eigenschaften gibt, die es erlauben, ganz neu über Produkte, ihre Form, ihre Funktion und eben ihre Materialität nachzudenken – wobei alle diese Faktoren kaum getrennt voneinander zu betrachten sind. Zudem sind die Begriffe Material und Technologie heute mehr denn je miteinander verknüpft: mit der Weiterentwicklung von Technologien werden neue Materialien erst denkbar, oder es werden Bearbeitungsmöglichkeiten erforscht, die wiederum zur Veränderung bereits existierender Stoffe führen.

Für die Forschung ergeben sich auf diesem Gebiet vielfältige Möglichkeiten. Institute, Labore, Hochschulen und andere Forschungseinrichtungen untersuchen und entwickeln neue Stoffe und ihre Verwendungsmöglichkeiten. Sie erfinden kratzfeste oder gar kompostierbare Kunststoffe, neuartige Lackierungen für Oberflächen, bei denen ein Überzug bisher undenkbar war, Nanobeschichtungen, die mit Geruchskatalysatoren arbeiten und vieles mehr. Dagegen gehören ultraleichte Schäume aus Metall oder Fertigungsverfahren wie Rapid Prototyping oder die Stereolithographie bereits zum Alltag.

### Materialgerechtigkeit

Vor etwa 100 Jahren wurde im Zusammenhang mit Gestaltung zum ersten Mal der Begriff Materialgerechtigkeit verwendet. Dies bedeutete, daß sich die Designer und Architekten verpflichtet fühlten, die Materialien ihren Eigenschaften, ihrem Aussehen und ihrer emotionalen Bedeutung entsprechend zu verwenden. Diese Vorgehensweise hielt sich lange, wurde allerdings auch in Frage gestellt. Bereits 1949 erklärte Max Bill: Es „kann bekanntlich fast aus jedem Material jede Form hergestellt werden, ohne daß man ohne weiteres das eine echt, das andere unecht bezeichnen dürfte."

## Designforschung

Die Designer hatten schon immer einen Hang zum Forschen, Erfinden und Experimentieren. Um mit den eigenen Produkten weit vorn zu liegen, war es notwendig, Neues zu entwickeln, was sich nicht nur auf die Produkte, ihr Aussehen und ihre Funktion bezog, sondern immer wieder auch auf die Verwendung neuer Materialien oder Herstellungs- bzw. Verarbeitungstechniken. So experimentierte zum Beispiel in den 50er Jahren das Gestalterpaar Charles und Ray Eames mit Fiberglas und Schichtholz und entwickelte neue Möglichkeiten für die zukünftige Möbelherstellung.

Auch heute gibt es Designer, die sich in dieser Tradition explizit mit Materialien auseinandersetzen und sich für ungewöhnliche Verwendungen und innovative Verfahren interessieren. Einer von ihnen ist der Italiener Alberto Meda. Ständig bemüht er sich um Informationen zu neuen Materialien und Herstellungsverfahren, um seine Ideen umzusetzen. Ein Ergebnis: der nur ein Kilogramm schwere Stuhl „lightlight" mit einer Tragfähigkeit von 100 kg, dessen Basis eine Wabenstruktur bildet, die mit einer kunstharzbeschichteten Karbonfaser überzogen ist. Bereits 1987 auf den Markt gebracht, war das Leichtgewicht wohl seiner Zeit voraus, denn es wurden nur 50 Exemplare davon gefertigt.

## Suche nach Dialog

Das Thema, das viele Gestalter beschäftigt, war oft Anlaß für Veranstaltungen unterschiedlicher Art: 1995 war eine Ausstellung im New Yorker Museum of Modern Art richtungsweisend: „Mutant Materials in Contemporary Design". Hier ging es um neue Werkstoffe und Materialien, mit dem besonderen Augenmerk auf die Möglichkeiten der Transformation, die „Kraft der Veränderung" bzw. die Kombination von Qualitäten. Ende der 90er Jahre zeigten mehrere Workshops am Vormgevingsinstituut, dem niederländischen Designinstitut in Amsterdam, daß es großen Gesprächsbedarf unter denen gibt, die sich in ihren unterschiedlichen Fachgebieten mit dem Thema auseinandersetzen, seien es Designer, Forscher, Computerspezialisten oder Ingenieure verschiedener Profession. Auch das vielbeachtete Symposium „Werk-Stoff", das der Architekt und Lehrstuhlinhaber Städtebau Christoph Mäckler unlängst an der Universität Dortmund organisierte, beschäftigte sich mit dem Material. Neben dem Initiator und einigen Fachkollegen wie Peter Zumthor und Vittorio Magnago Lampugnani traten u.a. der Designer Axel Kufus und sogar der Koch Klaus Trebes auf. Unter den Referenten war auch Hansjerg Maier-Aichen, Designer und Geschäftsführer des Unternehmens Authentics, das durch seinen konsequenten Einsatz von Kunststoff für seine Produkte in den 90er Jahren für viele Diskussionen sorgte. Insgesamt ein erfolgreicher Versuch, Materialien aus unterschiedlicher Sicht zu betrachten.

## Smart Materials

Ein Begriff ist für die Materialbegeisterten heute zum Zauberwort geworden: Smart Materials. Nur ungenügend mit „intelligent" übersetzt meint „smart" hier, daß es sich um Materialien handelt, die die Eigenschaft besitzen, auf zu erwartende Veränderungen ihrer Betriebszustände zu reagieren. Dies geschieht mit Hilfe von Informations-, Bio- oder Materialtechnologie.

Besonders wichtig ist bei der entsprechenden Forschung die Bionik und das Lernen von biologischen Konstruktionen. Von Insekten und Pflanzen können zum Beispiel besondere „Fähigkeiten" und Funktionsweisen auf neue Entwicklungen übertragen werden. So werden derzeit aus der Natur entlehnte dynamisch bewegliche Flugzeugtragflächen aus Piezokeramik entwickelt, die neben besserer Beweglichkeit extreme Kerosineinsparungen bewirken sollen.

Ein zentraler Bereich ist hier die Erforschung von Werkstoffen aus Nanopulver (ein Nanometer ist der milliardste Teil eines Meters), dem als Ausgangsprodukt für neue Werkstoffe ein extrem hohes Zukunftspotential beigemessen wird. Zu den hieraus resultierenden Werkstoffen gehören transparente Keramik, superharte Metalle oder schmutzabweisende Lacke. Derzeit läuft ein Kooperationsprojekt der Deutschen Forschungsgemeinschaft und der Degussa-Hüls AG, für das 13 Millionen Mark Fördermittel zur Verfügung stehen und an dem Wissenschaftler der Universitäten Darmstadt, Duisburg, Freiburg, Jena, Kaiserslautern, Karlsruhe und Saarbrücken beteiligt sind.

## Intelligente Kleidung

Es hat sich generell gezeigt, daß es nicht nur um „smarte" Materialien, sondern auch Strukturen, Produkte und vor allem Systeme geht. Auch die Bekleidungsindustrie geht hier neue Wege und entwickelt mittlerweile intelligente Kleidung (Smart Clothing). Dabei werden Informationstechnologien und Telekommunikation genauso genutzt wie biochemische Lösungen. Führend ist momentan das Unternehmen Reima aus Finnland, das bereits Prototypen präsentiert. Naturgemäß handelt es sich hierbei um Bekleidung, die für die eher kalten Regionen unseres Planeten gedacht ist.

Speziell eingearbeitete Funktionsträger erleichtern den Aufenthalt in arktischen Regionen, zum Beispiel an den Ärmeln integrierte Eisdornen oder ein leichter, gegen Unterkühlung und Feuchtigkeit schützender Überlebenssack. Weiteres Beispiel ist ein eingebauter Herzschlagmonitor, der über diverse in die Kleidung eingesetzte Sensoren ständig den Gesundheitszustand des Trägers überprüft. Bei Abweichungen wird der Träger selbst durch optische und akustische Signale gewarnt. Falls keine Veränderung eintritt, wird über Satellitenkommunikation die nächstgelegene Rettungsstation benachrichtigt und automatisch durch entsprechende Erwärmung des Stoffes eine Unterkühlung verhindert. Schließlich kann der Träger über eine selbst mit dicken Handschuhen und bei eingeschränkter Bewegungsfreiheit leicht bedienbare Benutzeroberfläche mit seinen Rettern kommunizieren.

## Lightness

Ein vielbenutzter Begriff der letzten Jahre im Zusammenhang mit innovativen Entwicklungen und Vorgehensweisen ist Leichtigkeit oder „Lightness".
Der Begriff war bereits in vieler Munde und ist gerade wieder Thema der sechsten Auflage des renommierten Kongresses „doors of perception" in Amsterdam. Leichtigkeit spielt für den Themenkomplex der Materialien eine entscheidende Rolle. Unsere ständig zunehmende Mobilität erfordert Energie. Diese Energie, die wir benötigen, um durch Transportmöglichkeiten aller Art sowohl Menschen als auch Güter zu transportieren, wird immer kostbarer. Man denke an die schwindenden Rohölreserven, die u.a. zur Entwicklung des 3-Liter-Autos oder alternativer Antriebsverfahren führen sollen.

Der Verbrauch von Energie hat aber auch mit dem Gewicht eines zu transportierenden bzw. zu befördernden Objekts zu tun. Und das wiederum mit der Entwicklung neuer, leichterer, Materialien. Fazit: Reisen muß leichter werden, und dazu sind leichte Konstruktionen erforderlich, die wiederum über neue leichtere Materialien zu realisieren sind. Beim Thema Leichtigkeit fällt es nicht schwer, die Verbindung zum „Material" Luft herzustellen. In Designerkreisen ist mittlerweile hinlänglich bekannt, daß das Unternehmen Festo mit diesem Stoff experimentiert und seine Produkte darum kreisen: neuartige, aufblasbare Körbe für Heißluftballone, architektonische Konstruktionen, die von Luft getragen werden oder der pneumatische Muskel, dessen Kraftübertragung durch das Einleiten bzw. Abziehen von Luft erfolgt. Auch wenn der Weg ein etwas anderer ist: hier entwickeln sich ebenfalls aus der Erforschung eines Materials – oder besser Stoffes – innovative Produkte.

## Der Mensch

In gewisser Weise macht die Experimentierlust selbst vor dem Menschen nicht halt. Oft kritisiert werden die Experimente um menschliche Gene und das Klonen. Bisher wohl einmalig geht der englische Wissenschaftler Prof. Kevin Warwick mit seinem Körper um: erstmals pflanzte er sich 1998 für einen begrenzten Zeitraum einen Mikrochip unter die Haut, der es ihm gestattete, quasi als humanoide Smartcard innerhalb der „intelligenten" Architektur seines Instituts Türen zu öffnen, seinen Computer zu bedienen und mit ihr zu kommunizieren. Der Kybernetik-Fachmann sieht dies erst als Anfang der technologischen Verknüpfung zwischen Mensch und Maschine.

**Short Fiction**

Materialien wie Holz oder Metall werden heute anders eingesetzt oder sind Bestandteil neuer Stoffe – neue Kunststoffe und innovative Smart Materials haben das Potential für eine tiefgreifende Veränderung unserer Lebenswelt. Produkte, wie sie sich Nicola Stattmann in einer „Short Fiction" einmal ausdachte, sind vielleicht gar nicht mehr so unwahrscheinlich: ein Tisch etwa, dessen Platte aus piezoelektrischem Kunststoff sich durch die Aktivierung einer integrierten Mignonzelle um das Fünffache ausdehnen kann; ein Nitinolanzug, der aus geknüpften Gelschlaufen besteht und abhängig von der Außentemperatur sein Volumen verändert und somit temperaturregulierend wirkt. Oder eine extrem kratzfeste Küchenarbeitsfläche mit integriertem Herd, der lediglich ein entsprechendes Feld der Fläche erhitzt – bei Nichtgebrauch bleibt diese Funktion unsichtbar. Die „echten" Ergebnisse stehen dem kaum nach: sei es Arboform, ein Granulat aus Lignin – ein Abfallprodukt der Holzverarbeitung –, das verflüssigt in jeder beliebigen Form gegossen werden kann, sei es eine durch Strom sich verfestigende „intelligente" Flüssigkeit, die für einen neuartigen Fahrzeugstoßdämpfer verwendet wird, oder eine Fensterscheibe, die durch eine eingelagerte Polymerschicht bei ansteigender Temperatur und starker Sonneneinstrahlung milchig weiß wird.

**Direkter Dialog**

Die Forschung in den Instituten geht immer weiter, aber was bis heute weitgehend fehlt, ist der direkte Bezug zum Design. Notwendig erscheint, eine Balance zwischen dem „Verhalten" der Technologie und unserem Verständnis von dieser zu finden bzw. einzuhalten. Die Frage, die zu beantworten ist, heißt also: wie ist die Funktion, das Verhalten und der Umgang mit den jeweiligen Produkten zu vermitteln. Zwei Ziele gilt es zu erreichen: die Designer müssen sehen, was es an Forschungsergebnissen gibt, und die Forscher müssen wissen, welche davon die Designer verwenden können. Denn oft ergeben sich bereits auf dem langen Weg zum gesteckten Ziel eines Materialforschers Zwischenergebnisse, die für die Nutzung durch einen Designer durchaus interessant sein können. Hier besteht wie so oft ein Problem der Kommunikation, das gelöst werden muß, um die verschiedenen Interessen in Einklang zu bringen.

Dieter Kretschmann
Rat für Formgebung / German Design Council,
Frankfurt am Main, Juli 2000

## Von Design zu Material-Technologie

### Entwicklung

In Millionen von Jahren entstanden durch chemische Reaktionen Stoffe. Holz, Stein, Lehm, Pflanzenfasern, Knochen und Felle waren über Jahrtausende die Materialien, die der Mensch zum Wohnen und zur Ernährung nutzte. Vermutlich begann damit, daß zufällig ein Stück Ton ins Feuer fiel und hart wurde, die Werkstofforschung: in diesem Moment wurde vielleicht erkannt, daß die Eigenschaften eines Materials gezielt verändert werden können. Keramik, Glas und Metall wurden in den folgenden Jahrhunderten entwickelt. Im 19. Jahrhundert begannen Chemie und Physik die Herstellung von Werkstoffen zu beeinflussen. Heute werden aus Partikeln und Molekülen intelligente Materialien hergestellt. Holz besitzt Eigenschaften von Kunststoff, Keramik ist flexibel, Materialien verdunkeln sich, wenn die Sonne scheint. In Zukunft sollen anhand der Erforschung von biologischen Systemen Werkstoffe entwickelt werden, die höchsten mechanischen Belastungen standhalten, sogar smarte Eigenschaften besitzen und aus natürlichen Komponenten bestehen. Algen sollen Speichermedium für Daten werden.

Materialien und Technologien stehen in direktem Zusammenhang mit der Entwicklung von Produkten, sind oft Grundlage für technische Innovationen. Sie haben Einfluß auf Funktion, Fertigung und Gestaltung. Das Material wird entsprechend der Technologie oder aber die Technologie entsprechend dem Material gewählt. Diese bisher mehr oder weniger eindeutigen Abhängigkeiten existieren nun nicht mehr zwingend.

### Informationsquellen und Auswahl

Die Informationen in diesem Buch stammen aus unterschiedlichen Quellen. Neben einschlägiger Fachliteratur zu den Bereichen Werkstoffwissenschaft, Verfahrenstechnologie und wissenschaftlichen Publikationen von Instituten bilden vor allem der direkte Kontakt zu Forschungsinstituten und persönliche Gespräche mit Wissenschaftlern die Grundlage der Recherchen.

Die Auswahl der beschriebenen Materialien erfolgte rein subjektiv auf der Basis der Recherche und im Hinblick auf Eigenschaften, die im weitesten Sinne für den Aufgabenbereich von Gestaltern nützlich sein können. In jedem Werkstoffbereich wird durch die Wahl und Abfolge der erläuterten Materialien die Entwicklung in dem entsprechenden Bereich gezeigt. An Beispielen wird veranschaulicht, wie durch immer spezifischere Manipulation des Aufbaus, der Struktur, der chemischen und nicht zuletzt der molekularen und atomaren Zusammensetzung die Eigenschaften von Materialien modifiziert, verbessert oder neu definiert werden. Jeweils am Ende eines Kapitels finden sich Materialien, die im Grunde nicht mehr eindeutig zugeordnet werden können. Da sich ein großer Teil der beschriebenen Materialien noch im Forschungsstadium befindet, noch nicht produktionsreif ist oder für eine einzige hochspezifische Anwendung getestet wird, standen zum Teil nur wenige Informationen zur Verfügung, die aufgrund ihrer Brisanz dennoch aufgenommen wurden. Werkstoffe, die vor allem für elektronische Bauteile entwickelt werden, zum Beispiel neue Supraleiter oder spezielle Legierungen, sind weitestgehend nicht einbezogen. Textilien werden nicht behandelt, da sie im Grunde Halbzeuge aus den genannten Materialien sind.

Die Auswahl der Technologien gründet sich auf folgende Kriterien: es handelt sich um Neuentwicklungen, die Technologie entstand im Zuge der Entwicklung eines neuen Materials, oder die Technologie bietet theoretisch die Möglichkeit, ein Material aufgrund seines neuen Eigenschaftspotentials zu verarbeiten. Deshalb wurde auf Verfahren wie Sägen, Fräsen, Löten verzichtet, es sei denn, sie werden in einem neuen Zusammenhang eingesetzt, wie zum Beispiel das Schweißen von Keramik. Die Ordnung der Technologien erfolgte überwiegend nach dem Grad der Spezifizierung.

## Forschung

Es gibt drei Arten von Forschungseinrichtungen: Die erste widmet sich ausschließlich der Forschung. Hierzu zählen die meisten Universitäten und oft staatlich geförderte Institutionen. Dort wird weniger mit dem Ziel einer konkreten Anwendung oder mit einem ökonomischen Hintergrund denn um der Forschung selbst willen geforscht. Interdisziplinäre Zusammenarbeit wird selten in Erwägung gezogen, obwohl die staatlichen Mittel knapper werden. Auch wenn zum Teil eine konkrete Anwendung anvisiert wird und gute Ergebnisse erzielt werden, kommt es nicht immer zur Weiterbearbeitung oder Realisierung.

Die zweite Art von Instituten organisiert sich zum Teil nach wirtschaftlichen Kriterien und ist für ihre Finanzierung zu einem gewissen Prozentsatz selbst verantwortlich. In diesen Instituten wird zum einen frei geforscht und zum andern auf eine konkrete Problemstellung oder Anfrage hingearbeitet. Nachdem ein Werkstoff entwickelt und ein Interessent gefunden worden ist, arbeiten mitunter angeschlossene Unternehmen, die gewinnbringend arbeiten dürfen, an der technischen und maschinellen Umsetzung bis hin zur Serienproduktion. Sie liefern eine Produktidee, wenn gewünscht das Design, optimieren die Produktionsbedingungen etc. Ein mehr oder weniger komplettes Paket vom Werkstoff über Produktinnovation und Technologie bis hin zur Marketingstrategie wird als Dienstleistung angeboten. Neue Werkstoffe werden erfolgreich in Produkte umgesetzt. Hier ist man sich bewußt, daß die Suche nach einer Anwendung, die Abstimmung darauf und letztendlich das Produkt an sich von ähnlich großer Bedeutung sind. Die Fraunhofer Gesellschaft oder das Institut für Neue Materialien in Saarbrücken verfolgen zum Beispiel diese Strategien. Automobilindustrie, Luftfahrt, Medizintechnik, optische Industrie und vor allem die Computertechnologie sind die wirtschaftlich ausschlaggebenden Bereiche, denen auch in Zukunft großes Wachstum prognostiziert wird und auf die sich die Suche nach Anwendungen konzentriert.

Den dritten Bereich bilden die Forschungsabteilungen in den großen Industrieunternehmen. Dort werden ganz gezielt die nächsten und visionär die übernächsten Produktgenerationen geplant. Aufgrund der guten finanziellen Basis wird dort sehr intensiv und schnell gearbeitet. Die Ergebnisse sind naturgemäß in erster Linie Firmengeheimnisse und werden oft erst zur Vermarktung eines neuen Produkts veröffentlicht. Um konkurrenzfähig zu bleiben bzw. neue Marktsegmente als erste zu besetzen, werden Interessengemeinschaften gebildet. Der interdisziplinäre Austausch funktioniert hier am besten.

## Ausblick

Neue Werkstoffe wie die Nanokomposite sind für den Laien kaum noch zu begreifen. Sie bestehen aus millionstel Millimeter großen Partikeln, sind meistens unsichtbar, legen sich als haptisch kaum bemerkbare Schicht auf andere Werkstoffe und sind beinah immateriell. Diese Materialien werden nicht durch Haptik, Geruch und eindeutige optische Merkmale charakterisiert. Sie werden für ganz spezifische Anwendungen konzipiert und charakterisieren sich ausschließlich über ihre Funktion.

Daraus ergeben sich ganz neue Möglichkeiten: Neue Produkte werden nicht mehr nach den Eigenschaften des am besten geeigneten Werkstoffs entwickelt, sondern das Material wird mit den Eigenschaften versehen, die eine optimale Voraussetzung für das Produkt ergeben. Materialien also, die Sensor und Reaktor sind, deren Zustand sich durch Veränderung der Reize aus der Umgebung wandelt. Hauchdünne Schichten, die Funktionen verleihen, Materialien, die sich selbständig ausdehnen und zusammenziehen. Vieles unterliegt neuen Gesetzmäßigkeiten: Keramik besitzt metallische Eigenschaften, Glas ist magnetisch, Holz läßt sich tiefziehen, Metall läßt sich spritzgießen. Andere Anwendungsbereiche, Formen oder technische Konstruktionen werden möglich: mittels Laser werden Oberflächenstrukturen im

Mikromillimeterbereich und komplexe Bauteile, die nur wenige Millimeter groß sind, hergestellt. Leichtbau, Miniaturisierung, Gewichtsreduzierung, Schnelligkeit und Preisreduzierung sind die wichtigsten Gründe für all diese Entwicklungen heute. Kompostierbarkeit und Schonung der Ressourcen sind Kriterien, die zukünftig wichtiger werden und darum beginnen, ein Thema für die Forschung zu werden.

Obwohl für die nahe Zukunft faszinierende Visionen formuliert werden, scheint eine kritische Distanz dennoch erforderlich zu sein: Stehen Kosten und Nutzen im Verhältnis zueinander? Muß die Ökologie nicht stärker im Vordergrund stehen?

Zukünftig werden Smart Materials und Nanokomposite eine immer größere Bedeutung erhalten. Durch diese und in Kombination mit den entsprechenden Technologien wird auch die Miniaturisierung Auswirkungen auf neue Bereiche haben. Es wird mehr und mehr agierende Systeme auch in privaten Bereichen geben. Die Entwicklungen vollziehen sich immer schneller. Materialien werden immateriell, sind nicht mehr faßbar, nicht erkennbar, altern nicht und besitzen keine bekannten Referenzen.

Die Zusammenhänge von Material und Technologie werden stets komplexer. Weil dafür aber der interdisziplinäre Austausch immer wichtiger wird, wäre es wünschenswert, wenn die Informationen für alle beteiligten Gruppen verständlich und ihren fachlichen Bedürfnissen entsprechend aufgearbeitet würden. Im Internet sollten zunehmend allgemein zugängliche Informationsebenen bereitgestellt werden, die Materialien und Technologien sammeln, Forschungsergebnisse veröffentlichen, Adressen liefern, Ökobilanzen bewerten und auch Designfragen erörtern.

Nicola Stattmann, Frankfurt am Main

# Material

# Holz

**Holz**

ist eins der frühesten Materialien, die zur Herstellung von Wohnraum, Gerät, Möbeln und Fahrzeugen verwendet wurden. Es ist ein organischer Baustoff bestehend aus Zellen, Zellwänden, die in Größe und Stabilität je nach Baumart differieren. Die chemischen Bestandteile von Holz sind Holzzellulose (polymere Kohlenhydrate), Lignin, Harze, Wachse, Gerbstoffe, Stärke, Öle und mineralische Stoffe. Je nach Klimazone und Jahreszeit bildet der Baum Zellen, die größer oder kleiner, weicher oder härter sind. Das im Frühjahr wachsende Holz ist im Zellaufbau leichter, weicher, heller, das Spätholz im Herbst besitzt eine höhere Dichte. Mit zunehmendem Alter wird bei einigen Arten das Holz im Innern des Stammes nicht mehr zur Nährstoffleitung benötigt. Durch chemische Prozesse (Einlagerung von Gerb-, Farbstoffen und Harzen etc.) wird es dunkler, schwerer, beständiger und härter. Eiche und Kiefer gehören zu diesen sogenannten Kernholzbäumen. Birke und Erle sind Splintholzbäume, bei ihnen finden diese Prozesse nicht statt. Bei Trocknung des Holzes schwindet das Wasser in den Zellen. Wird sie unsachgemäß durchgeführt, verzieht sich das Holz und reißt. Die Biege-, Zug- und Druckfestigkeit von Holz ist abhängig von der beanspruchten Faserrichtung. Parallel zur Faser, also in Längsrichtung, ist die Zug- und Biegefestigkeit gut, der Schwund relativ gering. Quer zur Faser sind die Festigkeitswerte schlechter. Da Holz ein natürlicher Werkstoff ist, können Farbe und Struktur sehr unterschiedlich sein, können Wuchsunregelmäßigkeiten und Fehler auftreten. Auf diese Materialeigenschaften muß bei der Holzverarbeitung sehr genau geachtet werden. Holz ist ein schlechter Wärmeleiter. Die elektrische Leitfähigkeit ist gering, nimmt aber bei steigender Holzfeuchtigkeit erheblich zu. Holz wird überwiegend zu Bauholz, Schnittholz, Furnieren, Plattenwerkstoffen und Zellstoff verarbeitet.

**Kunstharzgetränktes Vollholz**

ist eine Kombination von Holz und Kunststoff. Organische Stoffe wie Polyurethane, Phenol- und Formaldehydharze werden mittels Druck in das Holz eingepreßt und dann durch Wärme in Makromoleküle umgewandelt. Auf diese Weise werden die Abriebfestigkeit und Härte von Vollholz erhöht. Um die Oberfläche strapazierfähiger zu machen, werden Parketthölzer zum Teil mit diesem Verfahren behandelt.

Bugholzstuhl, Ferdinand Kramer 1928

**Sperrholz**

ist die Bezeichnung für Plattenwerkstoffe, die aus mindestens drei um 90° in Faserrichtung versetzten Furnierschichten verleimt werden. Sperrhölzer werden überwiegend aus Kiefer- und Buchenfurnieren hergestellt. Im Vergleich zu Massivholz zeichnen sie sich bei gleicher Materialstärke durch eine bedeutend höhere Biegefestigkeit und Härte aus, da keine eindeutige Faserrichtung mehr existiert. Die Schwund- und Quellmaße sind bedeutend niedriger als bei Massivholz. Sperrhölzer gibt es in verschiedenen Ausführungen. Sie variieren je nach Hochwertigkeit, Dicke und Anzahl der Furniere und Beständigkeit des verwendeten Bindemittels. In ihrem Aufbau gleichen Formverleimungen dem Sperrholz.

**Baufurniersperrholz**

ist wetterfestes, mit einem Kunstharz getränktes Sperrholz. Das Harz bewirkt eine hohe Biegefestigkeit und einen großen Verschleißschutz auf der Oberfläche. Sie kann glatt oder aufgrund einer Strukturierung rutschfest sein. BFU-Platten gibt es in verschiedenen Stärken und in verschiedenen Farben. Sie werden zum Beispiel als Bodenplatten für Lagerflächen von LKWs eingesetzt.

**Panzersperrholz**

ist ein Sperrholz, das aus vielen Schichten sehr dünn gemesserten Hartholzfurniers verleimt wird. Dadurch ist der Werkstoff schon bei geringer Stärke extrem biegefest und hart. Panzersperrholz zeichnet sich durch seine Kugel- und sogar Granatensicherheit bei nur ca. 40 mm Stärke aus. Die Platten werden für Tresorräume, Haustüren und Sicherheitsbereiche verwendet.

**Spanholz**

bezeichnet eine kunstharzgetränkte Holzspanmasse, die unter Einwirkung von Druck und Wärme im Strang- oder Flachpreßverfahren zu Platten verarbeitet oder zu stabilen, dünnwandigen Formteilen gepreßt wird. Dieser Werkstoff zeichnet sich durch Härte, Biege- und Wetterbeständigkeit aus. Durch entsprechende Zusätze können Spanplatten mit Eigenschaften wie Schwerentflammbarkeit, Wetterfestigkeit etc. ausgestattet werden. Die Oberflächen sind relativ glatt und strapazierfähig. Die Kanten sind grob strukturiert und müssen vor Druck und Feuchtigkeit geschützt werden. Aus Formspanholz werden profilierte Baumarkttüren, Innenverkleidungen von Fahrzeugen und Gestelle von preiswerten Polstermöbeln gefertigt (s. auch Abb. S. 27).

**Beinschiene, entwickelt für die US Navy, 1941/42 von Ray und Charles Eames**

**Holzzementplatten**

bestehen aus Holzfasern, die mit Zement gebunden werden. Das Material wird gegossen und zu Platten gepreßt. Sie besitzen eine glatte Oberfläche, die nicht nachbearbeitet werden muß. Die Biegefestigkeit, aber auch das Gewicht der grauen Holzzementplatten ist schon bei geringer Stärke sehr hoch.

**Oriented Strained Board (OSB)**

bezeichnet einen Plattenwerkstoff, der aus ungerichteten Nadelholzspänen von ca. 0,6 mm Dicke und 6 cm Länge verleimt und gepreßt wird. Die ungerichteten groben Späne verleihen dem Werkstoff eine sehr gute Biegefestigkeit in alle Richtungen. Die Oberfläche ist sehr grob. OSB-Platten werden im Holzbau als Füllung von Wandkonstruktionen und als Fußbodenbelag eingesetzt. Aus OSB-Spänen können auch Formteile gepreßt werden. Es gibt bereits Rahmenteile für Polstermöbel, die aus diesem Werkstoff hergestellt werden. Die Vorteile gegenüber Massivholz liegen in einer kürzeren Fertigungszeit und gegenüber Formspanholz (Abb. S. 27) in einer wesentlich höheren Festigkeit.

**Furnierstreifenholz**

besteht aus in Längsrichtung sortierten und miteinander verleimten Furnierstreifen. Diese sind ca. 2,5 m lang, 3 mm stark und 13 mm breit und werden zu Querschnitten verarbeitet. Sie unterscheiden sich in der Dimensionierung der Furnierstreifen, die je nach gewünschter Torsions-, Zug- und Biegefestigkeit angeboten werden. Die Eigenschaften dieser überwiegend für den Holzbau konzipierten Werkstoffe sind besonders hohe Festigkeitswerte. Im Vergleich zu massiv verleimten Bauteilen ermöglichen diese Holzwerkstoffe eine wesentlich geringere Querschnittsdimensionierung bei tragenden Elementen. Furnierstreifenholz wird als Halbzeug in unterschiedlichsten Stärken und Größen angeboten.

Fernsehgerät „Jim Nature" aus Formspanholz (s. S. 24), Philippe Starck, 1993

**Brettschichtholz + Aramidfaser**

meint eine Verstärkung von „klassisch" gefertigten Brettschichtholz-Tragwerken mittels Aramidfasern (Abb. S. 29). Sie werden an Punkten, an denen maximale Biegemomente auftreten, zwischen die untersten Brettschichten geleimt. Die Querschnittsmaße von Tragwerken, die in diesem Verfahren produziert werden, sind bis zu 25% geringer, die Schwind- und Quellmaße sind niedriger, und die Spannweiten von faserverstärkten Brettschichtholz-Tragwerken sind größer und können bis zu 40 m betragen. Die Integration von Kunstfasern stellt eine bedeutende Innovation im Holzbau dar. Wie auch im Metallbau oder in der Verarbeitung von Kunststoffen wird mittels dieser Verfahren nun auch im Holzbau nach Möglichkeiten der Material- und Kostenminimierung geforscht.

**Recyclingplatten**

bestehen aus geschredderten Recyclingmaterialien wie Tetrapaks, Altpapier, Kunststoffen. Diese werden unter Leimzugabe miteinander verpreßt. Die Platten zeichnen sich durch ihr niedriges Gewicht, die gute Ökobilanz, aber schlechte Eigenschaften in bezug auf mechanische Beanspruchung aus. Sie eignen sich gut als Dämmaterial oder als Mittelschicht von Plattenwerkstoffen mit entsprechend festen Deckschichten.

**Strohplatten**

werden aus 5 bis 10 cm lang gehäckseltem, mit Polyesterharz benetztem Stroh gepreßt. Bezüglich ihrer Festigkeitswerte sind sie mit Spanplatten zu vergleichen, dabei aber leichter, witterungsbeständiger und aufgrund der Halmstruktur schalldämmend. Sie können als Dämmaterial oder als Mittelschicht für Verbundwerkstoffe eingesetzt werden.

**Flachssandwichplatten**

besitzen eine Mittelschicht aus Flachsfasern und Deckschichten aus Preßspan oder MDF (s. S. 30). Die Flachssandwichplatte zeichnet sich durch eine hohe Festigkeit aus. Ende der 80er Jahre wurde die Entwicklung dieses Plattenwerkstoffs vom Bund unterstützt. Es wurde untersucht, ob die Produktion interessant und der Anbau von Flachs lohnend für die Landwirtschaft wäre. Man kam zu dem Ergebnis, daß Holz sich für die Massenproduktion besser eignet. Heute werden für die Produktion von Verbundstoffen Flachsfasern aus Rumänien und Frankreich importiert, wo dieser schnell nachwachsende Rohstoff einen beträchtlichen Anteil der landwirtschaftlichen Produktion ausmacht. Ähnliche Produkte werden aus Jute und Baumwolle hergestellt.

Lagerhalle in Sankt Erhard, Schweiz,
mit einem Tragwerk aus Brettschichtholz
und Aramidfaser

**Altmöbelbrackets**

werden aus geschredderten Altmöbeln zu Stücken von ca. 3 mm Stärke, 2 cm Breite und 6 cm Länge gepreßt. Sie werden dann in einem zweiten Schritt zu Platten oder Stegen verleimt und eignen sich als Mittellage für Verbundplatten. Dieses Recyclingmaterial besitzt keine besonders hohe Biegefestigkeit. Es kann als Spanplattenersatz gesehen werden.

**Mykoholz**

entsteht, wenn spezielle Kulturpilze ein Massivholz durchwuchern. Der Prozeß dauert 3 bis 5 Monate. Er bewirkt eine Holzauflockerung und somit die Verringerung der spezifischen Dichte. Mykoholz ist verzugsfrei, gut schnitzbar, biegbar und sehr leicht. Es wird zur Herstellung von Bleistiften und Modellbaumaterial verwendet.

**Mitteldichte Faserplatte (MDF)**

ist ein Holzfaserwerkstoff, der aus beleimten Holzfasern gepreßt wird. Aufgrund der feinen Faserstruktur besitzt MDF gute Oberflächen- und Bearbeitungsqualitäten. Hohe Dichte und gute Biegefestigkeit sind weitere Eigenschaften. Als Plattenwerkstoff hat MDF in der Möbelindustrie bedeutende Produktionsveränderungen bewirkt. Die Oberflächen- und Kantenqualität ist aufgrund der feinen Fasern und der Verdichtung so gut, daß Möbel aus diesem Plattenwerkstoff lackiert werden können, ohne daß eine zusätzliche Beschichtung mittels Furnier oder Anleimern an den Kanten erforderlich ist. MDF-Holzfasermasse wird zu dünnwandigen Formteilen gepreßt. Mit der Entwicklung der Mikrowellentrocknung (s. S. 133) für Plattenwerkstoffe ist die Verarbeitung von Holzfasermasse auch in anderen Formgebungsverfahren denkbar.

**Low-Weight-MDF**

ist die Bezeichnung für eine dünne MDF-Platte, die aufgrund ihrer geringen Dichte zu Radien bis 12 cm gebogen werden kann. Sie wurde unter anderem entwickelt, um den Arbeitsaufwand bei der Herstellung von Formverleimungen zu reduzieren. Der Aufbau von Formverleimungen mit Low-Weight-MDF zeichnet sich dadurch aus, daß nur zwei Lagen aus ca. 6 mm starken Platten (bei durchschnittlicher Beanspruchung) miteinander verleimt werden müssen. Die Beachtung der Faserrichtung und ungerader Schichtzahlen wie bei der Sperrholz-Formverleimung ist hier hinfällig.

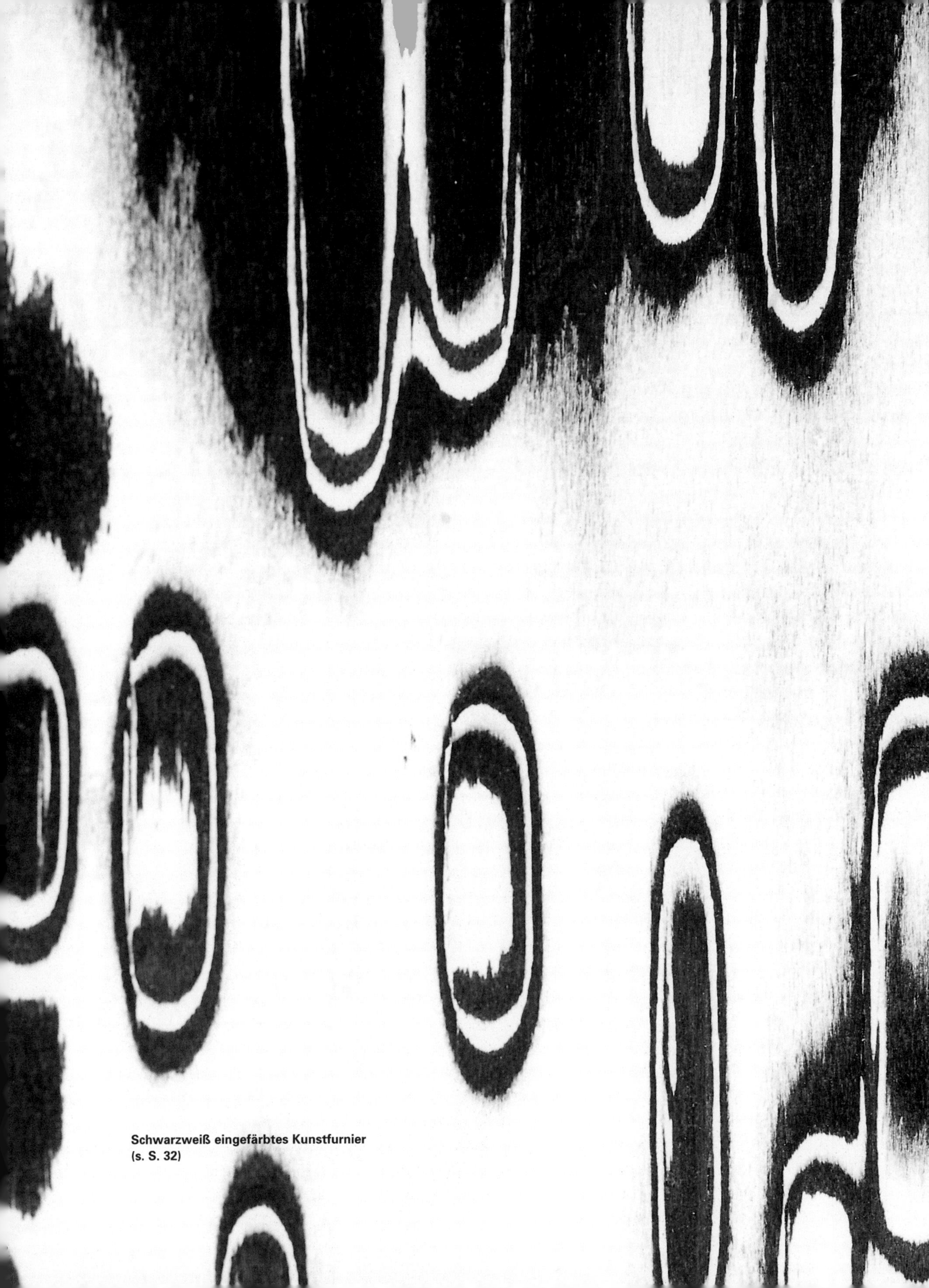

**Schwarzweiß eingefärbtes Kunstfurnier**
**(s. S. 32)**

**Fadenholz**

wird aus Starkfurnierstreifen mit einem Querschnitt von ca. 2 x 2 mm hergestellt. Im Dampfdruckverfahren wird die Elastizität der Streifen erhöht. Dann werden sie zu Formteilen gepreßt und verleimt. Die Länge der Holzfäden richtet sich nach der Größe des zu fertigenden Produkts. Sie verleihen ihm nach der Aushärtung eine gute Biegefestigkeit und das Aussehen von streifigem Massivholz. Im Unterschied zum Dampfbiegeverfahren (s. S. 124), das Thonet zum Biegen von Stuhllehnen mit runden Querschnitten entwickelt hat, können in diesem Verfahren auch stark differierende Querschnitte und sehr freie Formen angefertigt werden.

**Kunstfurniere**

werden in zwei alternativen Verfahren hergestellt. In dem einen Verfahren werden herkömmliche Schälfurniere in bestimmten Mustern zu Blöcken verleimt und erneut zu Furnieren gemessert, im anderen werden während des Schälvorgangs mit stacheligen Walzen Löcher in den Baumstamm gedrückt. Anschließend werden die Löcher mittels Bedampfung wieder geschlossen und bleiben als Muster erhalten. Es entstehen Furniere mit den unterschiedlichsten graphischen Mustern. Die Furniere können zusätzlich im Dampfdruckverfahren durchgefärbt werden. Sie sind in relativ großen Abmessungen erhältlich, was für die Produktion von furnierten Bauteilen eine erhebliche Aufwandsersparnis bedeutet (Abb. S. 31).

**Biegefurniere**

bestehen aus zwei ca. 0,1 mm dünnen Furnieren, die mit einer Mittelschicht aus dünnem Papier verleimt werden. Die Fasern beider Furniere verlaufen aufgrund der dazwischenliegenden Papierschicht parallel zueinander. Dies hat den Vorteil, daß Biegefurniere sich in Faserlängsrichtung bis zu einem Radius von 4 mm biegen lassen. Im Möbelbau wird somit die Herstellung von fortlaufenden Furnierbildern auch bei sehr filigranen Radien und Konstruktionen ermöglicht. Biegefurniere werden in Japan gefertigt.

**Sonnenblumenmark**

wird hergestellt, indem Halme von Sonnenblumen in ca. 1 cm lange Stücke geschnitten werden. Nach der Trocknung der Stücke erhält man ein Material, das eine popcornähnliche Beschaffenheit hat und sich durch großes Volumen bei sehr geringem Gewicht auszeichnet. Sonnenblumenmark soll als Mittelschicht für Dämmplatten eingesetzt werden.

Biegefurnier mit Deckschichten aus Kirschbaum, Mittellage aus Papier

**Maderon**

ist ein Recycling-Werkstoff, der aus gemahlenen Mandelschalen und Kunststoff hergestellt wird. Er wurde in Spanien entwickelt, da dort bei der Mandelernte alljährlich große Mengen an Schalen anfallen. Sie werden zu Körnern gemahlen und mit Kunststoff versetzt. Maderon kann in Preß- und Gießverfahren (s. S. 126 ff.) geformt und mit Fräswerkzeugen bearbeitet werden. Es ist ein orangefarbenes Recyclingmaterial, das sich durch große Härte auszeichnet.

**Fasalex®**

wird aus biologisch abbaubaren Rohstoffen hergestellt, bei denen Holzabfälle wie Sägemehl oder Späne den Hauptanteil darstellen. Herkömmlicher Mais dient als Bindemittel, und Naturharze bzw. biologisch abbaubare Kunststoffe sind als dritte Komponente zu nennen. Alle drei Komponenten werden vermischt und zu Granulat verarbeitet. Das Fasalex-Granulat kann dann in den verschiedensten für die Verarbeitung von Kunststoffen typischen Technologien genutzt werden. Der Werkstoff zeichnet sich durch biologische Abbaubarkeit, Recyclierfähigkeit, sehr gute Stabilität, Biegefestigkeit und Schwerentflammbarkeit aus. Die Bearbeitung der extrudierten oder spritzgegossenen Produkte kann mit allen in der Holzbearbeitung üblichen Technologien erfolgen. Die Oberfläche kann lackiert, pulverbeschichtet und furniert werden. Eine Einfärbung des Werkstoffs ist mit Lebensmittelfarben zu realisieren. Zur Herstellung des Granulats können die unterschiedlichsten Faserrohstoffe verwendet werden. Dies ist ökologisch von großer Bedeutung, da die typischen landwirtschaftlichen Rohstoffe der jeweiligen Regionen benutzt werden können. In Mittelamerika könnte Holz durch Zuckerrohrabfälle, in Asien Mais durch Reis ersetzt werden.

**3D-Furnier**

ist ein Werkstoff, der es erstmals ermöglicht, formverleimte Produkte aus Holz herzustellen, die die Anmutung von tiefgezogenen oder spritzgegossenen Kunststoffen oder gedrückten Metallblechen besitzen. In einem neuen Verfahren wird ein gewöhnliches Messer- oder Schälfurnier mit vielen sehr feinen, fast unsichtbaren Schnitten versehen, wobei die Maserung und die Faserstruktur erhalten bleiben. So präpariert kann das 3D-Furnier dann zu dreidimensionalen Volumen furniert werden. Die Verarbeitung erfordert keine besonderen Maschinen oder Hilfsmittel. Sie entspricht der normalen Formverleimung. Aufgrund der dreidimensionalen Formgebung erhält das Produkt eine bessere Aussteifung. Im Vergleich zu einer aus gewöhnlichen Furnieren hergestellten Sitzschale etwa kann dies eine Dickenreduzierung

3D-Furnier in Buche

von bis zu 45% bedeuten. Die dreidimensionale Verformbarkeit dieses Werkstoffs erschließt Gestaltungsmöglichkeiten und Anwendungsbereiche, die bisher mit Holz nicht denkbar waren.

**Holzschaum**

wird aus Reststoffen wie Holzstaub und Holzspänen, die bei der Holzverarbeitung anfallen, hergestellt. Diese werden mit Hilfe von Mikroorganismen (z.B. Hefepilzen und Bakterien) in einem biotechnologischen Verfahren ohne Verwendung von chemischen Zusätzen zu einer geschäumten Holzmasse, ähnlich einem Brotteig, vergoren und anschließend in einem Spezialofen getrocknet. Es entsteht ein harter, leichter, poröser, einem Zwieback ähnlicher Werkstoff. SLP – stärkegebundene leichte Holzwerkstoffplatte, so die Bezeichnung – kann als Platte oder Formteil gefertigt werden. Es läßt sich problemlos schleifen, sägen, hobeln, bohren, schrauben und leimen und eignet sich als Mittellage für Plattenwerkstoffe im Möbelbau und als Dämmstoff im Hausbau. Das Material ist wasserlöslich und kann aus diesem Grund bedenkenlos getrennt und entsorgt bzw. wieder verarbeitet werden.

**Lignin**

ist das in der Natur am zweithäufigsten vorkommende Polymer. Es fällt in großen Mengen als Nebenprodukt in der Zellstoffindustrie an. Lignin besitzt eine hohe Stabilität und wird als Füllstoff oder Kleber verwendet. Strohplatten und „alternative" Spanplatten werden mit Lignin gebunden.
Die jüngsten Bemühungen gehen dahin, aus Lignin einen Werkstoff mit thermoplastischen Eigenschaften zu modifizieren. Dazu wird das Lignin mit Naturfasern gemischt. Es entsteht ein Lignin-Compound, das zwar die thermischen und mechanischen Eigenschaften von Holz besitzt, sich aber wie Kunststoff verarbeiten läßt. Im flüssigen Zustand läßt sich der Werkstoff zu Formteilen verarbeiten. Da Lignin ein thermoplastisches Polymer ist, kann es auch als Granulat produziert werden, das zu einem späteren Zeitpunkt wieder eingeschmolzen wird. Produkte aus Lignin-Compound zeichnen sich dadurch aus, daß sie im Gegensatz zu Kunststoffen denselben Wärmekoeffizienten wie Holz besitzen und sich somit als Trägermaterial für Furniere eignen.

Fasalex®, die Profile wurden im Extrusionsverfahren hergestellt.

# Metall

**Kupfer**

wurde um 6000 v. Chr. entdeckt. Als Legierungsanteil der Bronze erlangte es ca. 2000 v. Chr. Bedeutung. Kupfer ist ein Schwermetall, das sich durch seine sehr hohe Leitfähigkeit für Wärme und Strom auszeichnet. Da es ein relativ weiches Metall ist, läßt es sich gut kalt (Tiefziehen, Walzen, Drücken, Stauchen) sowie warm (Schweißen, Hartlöten) umformen. In Verbindung mit Essigsäure entsteht hochgiftiger Grünspan. Kupfer oxidiert schnell und bildet eine hellgrüne, relativ fest haftende Deckschicht, wodurch es unter anderem seine bemerkenswerte Beständigkeit gegenüber korrosiven Einflüssen, auch gegenüber Meerwasser, erhält. Aufgrund dieser Eigenschaften werden Schalter, Kabel, Rohre, Bauteile in Klimaanlagen, Kondensatoren und seewasserbeständige Maschinenelemente aus Kupfer gefertigt.

**Eisen**

wurde erstmalig in der Eisenzeit im 7. Jahrhundert v. Chr. hergestellt. Die industrielle Produktion begann mit der Einführung des Hochofenbetriebs in der Mitte des 19. Jahrhunderts. Die Produktion und Verarbeitung von Eisen und Stahl im industriellen Maßstab begünstigte bedeutende technische Entwicklungen (Eisenbahnbau, Brückenbau, Dampfmaschine). Eisen besteht aus folgenden Eisenerzen: Magnet-, Braun-, Roteisen, Eisenspat und Eisenkies. Durch Verhüttung der Erze entsteht im Hochofen flüssiges Roheisen, das dann weiterverarbeitet wird. Eisen ist bläulichweiß, gut magnetisierbar und dehnbar. Der Schmelzpunkt liegt bei 1536 °C. An feuchter Luft oxidiert Eisen und bildet Rost. Es wird mit verschiedensten anderen Metallen zu einer Vielzahl von Eisenlegierungen verarbeitet. Entsprechend ihren Eigenschaften in der Verarbeitung unterscheidet man zwischen Guß- und Knetlegierungen. Gußlegierungen sind Werkstoffe, die während der Urformung (Sandguß, Kokillenguß etc.), also während des Hochofenprozesses, ihre eigentliche Form erhalten. Die Weiterverarbeitung erfolgt durch spanabhebende Verfahren wie Bohren, Fräsen, Feilen etc. Knetlegierungen hingegen sind Werkstoffe, die erst nach der Urformung in einem weiteren Verarbeitungsschritt (Walzen, Pressen und Schmieden) in ihre endgültige Form gebracht werden. Die vielleicht wichtigste Eisenlegierung ist Stahl (Abb. S. 41). Je nach Gewichtung ihrer Legierungsbestandteile lassen sich Stahllegierungen wiederum unterscheiden in Edelstähle, Schnellarbeitsstähle, Baustähle, Werkzeugstähle, Konstruktionsstähle, Spannstähle, Drahtstähle, Federstähle etc. Bei den Gußlegierungen wird unterschieden zwischen Stahlguß, Temperguß und Hartguß.

**Waterpavillon in Neeltje Jans, Holland**
**Innenansicht während der Bauphase 1996: Der Entwurf und die Umsetzung der Konstruktion in Stahlträgern mit jeweils anderen Radien wurde mit 3D-Computerprogrammen durchgeführt.**
**NOX Architekten, Rotterdam**
**MVRDV, Rotterdam**

**Aluminium**

Wie die Gewinnung von Eisen ist die Herstellung von Aluminium aus Bauxit mit einem hohen Energieaufwand verbunden. Als technischer Werkstoff wurde es daher erst in der zweiten Hälfte des 19. Jahrhunderts produziert und verarbeitet. An der Luft oder in wäßrigen Lösungen bildet Aluminium eine oxidische Deckschicht, die sich bei Beschädigung stets erneuert. Die Deckschicht verschafft dem Aluminium eine hervorragende Witterungs-, Korrosions- und Chemikalienbeständigkeit. Aluminium ist sehr leicht und besitzt ein gutes Verhältnis von Festigkeit zu Dichte. Der Schmelzpunkt liegt bei 660 °C. Aluminium besitzt eine gute Wärmeleitfähigkeit und elektrische Leitfähigkeit. Es ist sehr gut kalt und warm umformbar, schweißbar und lötbar. Diese spezifischen Eigenschaften machen Aluminium zu einem bedeutenden Leichtbaumaterial, das vielfältige Anwendung findet: als Alugußteil, Blech und Profil im Fahrzeugbau, in der Luftfahrt und in der Architektur, als Folie, Haushalts- und Campingprodukt. Aluminiumpigmente verleihen Farben wärme- und korrosionsbeständige Eigenschaften.

**Magnesium**

ist ungefähr 33% leichter und etwas weniger fest als Aluminium. Die mechanischen Eigenschaften von Magnesium in seiner reinen Form sind nur mäßig. Es läßt sich schlecht schmieden und kaltumformen, weshalb es bisher überwiegend im Druckgußverfahren verarbeitet wird. Es bildet an der Luft eine weiße poröse Oxidschicht und ist bedingt chemikalien- und witterungsbeständig. Die schlechten mechanischen Eigenschaften haben zur Folge, daß es für technische Zwecke nur als Legierungsbestandteil verwendet wird. Aufgrund seiner Leichtigkeit wird Magnesium voraussichtlich als Werkstoff vor allem für die Automobilindustrie erheblich an Bedeutung gewinnen.

**Pulverisierte Metalle**

werden für Sinter- und Spritzgußverfahren (s. S. 127, 129) genutzt. Die Pulvermetallurgie besteht seit Beginn dieses Jahrhunderts und gewinnt heute im Zuge der Miniaturisierung von hochspezifischen Bauteilen zunehmend an Bedeutung. Aus den feinen Pulvern werden in verschiedensten Verfahren Bauteile hergestellt, die sich durch einen besonders homogenen Aufbau, große Dichte und eine Oberflächenqualität, die kaum einer Nachbearbeitung bedarf, auszeichnen. Des weiteren ermöglichen pulverisierte Metalle eine immer spezifiziertere Herstellung von Rapid-Prototyping-Bauteilen. Die aktuelle Forschung bezüglich pulverisierter Metalle zielt darauf, Material-Verfahren-Kombinationen zu entwickeln, die sich in Materialersparnis, Gewichtsreduzierung und einer besseren Ökobilanz bemerkbar machen. Ein Beispiel ist die Herstellung von Metallbauteilen im Spritzgußverfahren.

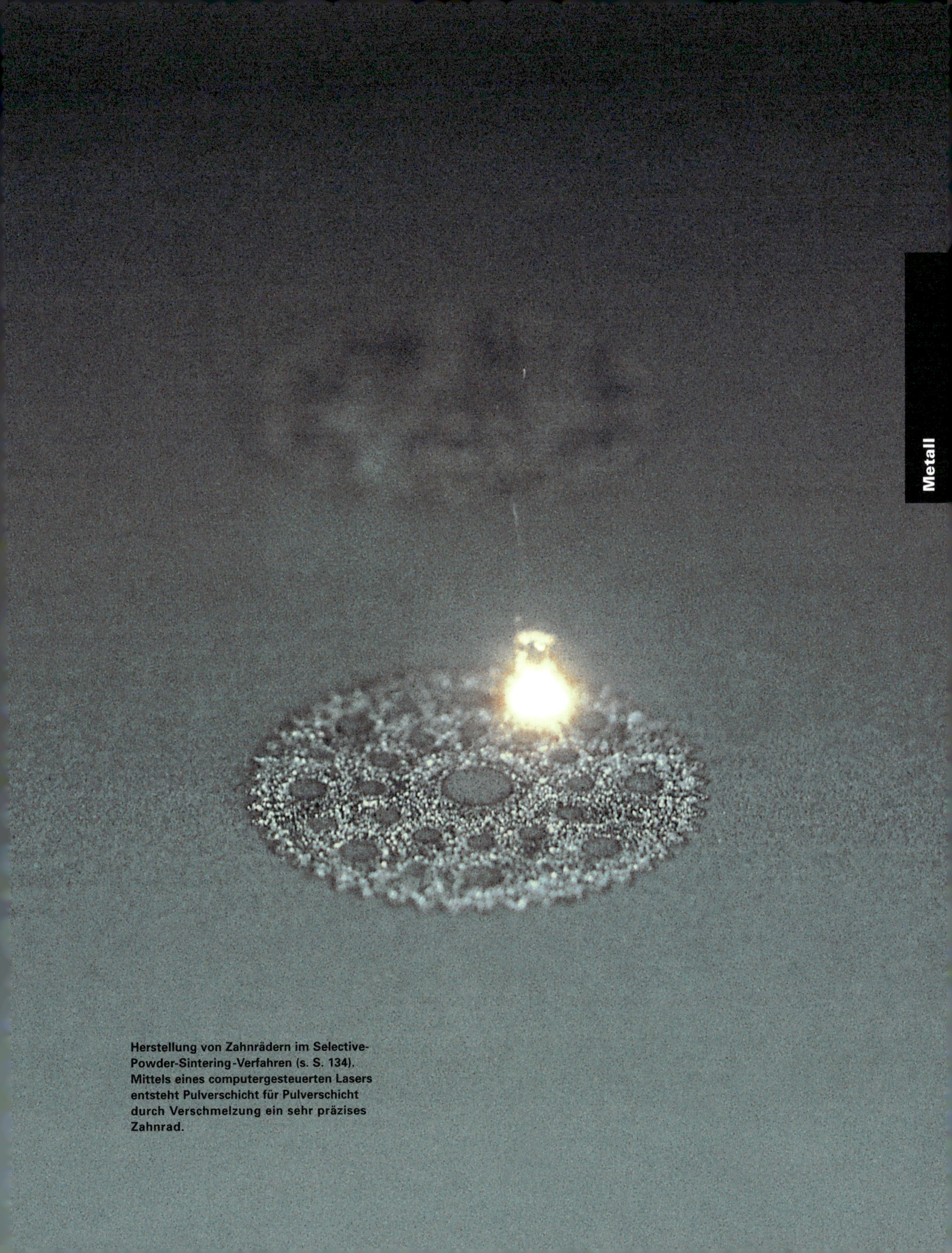

Herstellung von Zahnrädern im Selective-Powder-Sintering-Verfahren (s. S. 134). Mittels eines computergesteuerten Lasers entsteht Pulverschicht für Pulverschicht durch Verschmelzung ein sehr präzises Zahnrad.

**Titanalumid (TIAL)**

ist aufgrund seines Aluminiumanteils ein sehr leichter Werkstoff. Durch den Zusatz von Titan erhält er darüber hinaus eine höhere Temperaturbeständigkeit als reines Aluminium. Die Automobilindustrie testet den Einsatz von TIAL-Legierungen für den Bau von Komponenten für Verbrennungsmotoren.

**Metallschaum**

ist ein weitgehend geschlossenporiger Schaum aus Metall. Für seine Herstellung wird zunächst Metallpulver mit einem Treibmittel gemischt. Diese Mischung wird dann durch Pressen verdichtet und in die gewünschte Form gebracht. Erst durch das Erhitzen in einem weiteren Produktionsschritt wird das Treibmittel aktiviert, und das verdichtete Pulver schäumt auf. Die Porengröße resultiert aus Art und Menge des Treibmittels. Metallschaum kann aus unterschiedlichen Metallen hergestellt werden. In der Forschung wird bei der Suche nach Anwendungsbereichen überwiegend mit Aluminium gearbeitet. Metallschaum ist sehr hart, absorbiert sehr gut Schlageinwirkungen und besitzt aufgrund der Lufteinschlüsse ein sehr geringes spezifisches Gewicht. Er eignet sich damit beispielsweise gut als Füllung für kugelsichere Westen. Eine weitere Entwicklung stellen die Aluminiumschaum-Sandwiches dar. Bei ihnen wird die Pulver-Treibmittel-Mischung zu einem Blech gewalzt, welches dann mit zwei „gewöhnlichen" Blechen belegt und durch Walzplattierung fest zu einem Sandwich verbunden wird. Dieses Aluminium-Sandwich kann zu dreidimensionalen Bauteilen geformt werden. Erst dann wird das Treibmittel aktiviert. Sandwich-Bauteile aus Aluminiumschaum sind ca. 50% leichter und zehnmal stabiler als entsprechende Stahlbauteile. Anwendungsbereiche werden sich im Leicht- und Fahrzeugbau finden.

**Ionenimplantation**

bezeichnet die Erzeugung von positiv geladenen Ionen in einem Vakuumprozeß. Ein Werkstoff wird mit beschleunigten Ionen beschossen, deren Energie so groß ist, daß sie in den Oberflächenbereich eindringen, dort abgebremst und deponiert werden. Es entstehen sehr stabile Verbindungen, die eine Verhärtung der Oberfläche des metallischen Werkstücks und eine daraus folgende Verschleißverminderung bewirken. Die Ionenimplantation läßt sich zur Erstellung einer Rostbarriere nutzen. Unter ionenstrahlinduziertem Mischen versteht man das Vermischen von mehreren auf ein Werkstück aufgebrachten Schichten mit dem Basismaterial infolge des eindringenden Ionenstrahls. Eine interessante Anwendung dieser Technologie kann die Metallisierung von Kunststoffen und Keramik sein.

Mit Metallschaum ausgesteiftes Türprofil
eines Automobils

**Memorymetalle** sind spezielle Legierungen, die sich auf eine bestimmte Temperatur eichen lassen und sich beim punktuellen Erreichen der Eichtemperatur dimensional verändern. Dies bedeutet, daß sich das Metallprodukt, sobald es einer bestimmten Temperatur ausgesetzt ist, verformt. Diese besondere Eigenschaft ermöglicht es zum Beispiel, sehr feine Drähte, die durch Beanspruchung verformt werden, stets durch die entsprechend geeichte Temperatur in die Ausgangsform zurückzuversetzen. So bleiben die Drähte von kleinen Operationszangen, die durch Adern geführt werden, bei Körpertemperatur in ihrer exakten Position. Derzeit werden einige Experimente unternommen, um die verblüffenden Eigenschaften des Materials auch für Gebrauchsgegenstände zu nutzen. So entwickelte zum Beispiel eine italienische Firma ein Oberhemd, bei dem sich die Ärmel bei 28 °C von allein aufkrempeln. Hier wurden ganz feine Drähte aus Memorymetallen in das Textil eingewebt.

**Strickwaren aus 100% rostfreiem Stahl** wurden entwickelt, um eine Kombination der Materialeigenschaften hohe Hitzebeständigkeit, gute mechanische Beständigkeit sowie textilähnliche Weichheit und Flexibilität zu erzielen. Zusätzliche Eigenschaften sind Antistatik, Abschirmung von Strahlen und Nichtbrennbarkeit. Die mechanischen, haptischen und optischen Eigenschaften machen Stahlstrick so interessant. Die „Stahlwolle" wird zu Schläuchen, Meterware in verschiedenen Farben, Dicken und Maschengrößen verarbeitet. Aufgrund der Materialeigenschaften werden sie im Bereich Automotive (Abfederung und Schalldämmung von Motoren), in der Glasindustrie (Bearbeitung und Transport von zähflüssiger Glasmasse) und als Schutzkleidung verwendet.

**Amorphe Metalle** entstehen, wenn eine Metallschmelze sehr schnell (eine Million Grad pro Sekunde) abgekühlt wird. Amorph bedeutet, daß sich die Atome dieser Metalle wie bei Glas in einem weitgehend ungeordneten Zustand befinden. Darum werden sie auch als metallische Gläser bezeichnet, sind aber nicht transparent und spröde. Die Vorzüge amorpher Metalle liegen in ihrer sehr hohen elektrischen Leitfähigkeit und Festigkeit. Die Fähigkeit, auf extrem schwache Veränderungen magnetischer Felder zu reagieren, macht sie zum geeigneten Werkstoff für den Empfang von Sendefrequenzen über weite Distanzen.

Gestrickter Stahl

# Glas + Keramik

**Keramik**

wurde um 10.000 v. Chr. in Asien entwickelt. Die Ausgangsmaterialien sind Kaolin, Ton, Quarz und Feldspat. Sie werden zu Pulvern aufbereitet und den gewünschten Eigenschaften entsprechend gemischt. Die Herstellung von keramischen Produkten erfolgt gewöhnlich in vier Schritten. Zunächst wird eine feuchte, plastische Keramikmasse hergestellt, die in eine Gipsform gegeben wird. Diese zieht die Feuchtigkeit aus der Masse. Bei der Herstellung von Gefäßen schleudert bzw. rotiert die Form. Durch die Fliehkräfte entsteht ein Hohlkörper. Das entstandene Formteil wird in einem, oder, wenn farbig lasiert oder bemalt, in mehreren Gängen gebrannt. Die klassische Keramik zeichnet sich durch hohe Temperaturbeständigkeit, Leichtigkeit, Oberflächenhärte, Abrieb- und Korrosionsbeständigkeit aus. Von Nachteil sind ihre Zerbrechlichkeit und die aufwendigen Herstellungsverfahren.

**Glas**

besteht überwiegend aus Silizium, Pottasche, Kalk und Oxiden, welche je nach Mischungsverhältnis Härte, Transparenz und Brillanz bestimmen.
Die Ägypter und Babylonier waren bereits 1550 v. Chr. für die Herstellung von Glas bekannt. Sie betrieben glasproduzierende Industrie, die sich bald über den ganzen Mittelmeerraum ausbreitete. Transparentes Glas entstand erstmals um 100 v. Chr. Mit der Erfindung der Glaspfeife um 50 n. Chr. wurde die serielle Herstellung von Glas eingeleitet. In den folgenden Jahrhunderten wurden die Techniken verfeinert und Ornamente in unterschiedlichsten Ausführungen entwickelt. Glasmalerei, Blattgoldauflagen, Gestaltung mit farbigem Glas etc. waren Mittel, um exklusive Trinkgefäße und Schalen herzustellen. Im Mittelalter wurden die ersten Fenster entwickelt. Zur Herstellung kleiner Glasscheiben wurden zunächst zylindrische Gefäße geblasen, dann aufgeschnitten und zu Scheiben aufgeschleudert oder ausgelegt. Glasscheiben mit einer Kantenlänge von mehr als ca. 40 cm entstanden erst im 19. Jahrhundert.

**Formglas**

ist ein spannungsarmes Flachglas, das im Unterschied zu herkömmlichem Flachglas in einem weiteren Herstellungsschritt dreidimensional verformt werden kann. Dazu wird es partiell oder vollflächig erwärmt und legt sich in die Form. Sowohl das Formgebungsverfahren als auch das fertige Produkt ähneln tiefgezogenem Kunststoff. Dank der Eigenschaft, auch partiell erhitzt werden zu können und der großen Hitzebeständigkeit eröffnen sich bei Formglas jedoch andere Anwendungsgebiete. So werden beispielsweise Ganzglastüren von Backöfen mit Griffmulden aus diesem Material geformt.

Keramikschale, China,
Song-Zeit (12.-13. Jahrhundert)

**Faserverstärktes Glas**

besitzt durch die Einlage von Kohlefasermatten beziehungsweise die Beimischung von Kurzfasern mehr Stabilität, Biege- und Bruchfestigkeit als gewöhnliches Glas. Es ist schwarz (vgl. CCSiC-Keramik S. 62).

**Ultragroße Sicherheitsglasscheiben**

sind bis zu 3 mal 8 m groß. Eine japanische Firma laminiert diese großen Glasscheiben mit einer neu entwickelten Giesharztechnologie. Bisher wurden Sicherheitsglasscheiben mit einem Bindefilm als Mittelschicht verwendet. Dieser konnte aus produktionstechnischen Gründen nur bis zu einer Breite von 1,20 m gefertigt werden. Ultragroße Sicherheitsglasscheiben wurden erstmals im Museum of Contemporary Art in Tokio eingesetzt.

**Helioran (lichtleitendes Fenster)**

ist ein Glasscheibenverbund mit einer Mittelschicht aus Glasröhrchen, die orthogonal zu den Glasscheiben liegen. Durch die lichtleitende Eigenschaft der Röhrchen wird Tageslicht bis in große Raumtiefen geleitet und gestreut. Die Verwendung von Helioran spart elektrisches Licht und verbessert die Lichtqualität. Es wirkt isolierend, ist lichtdurchlässig, aber nicht transparent.

**Bleifreies Glas**

Bislang bereitete die Weiterverarbeitung von gewöhnlichem Glas, in dem Arsenoxid und Bleioxid fest gebunden sind, große Probleme, denn beim Schleifen und Polieren fallen bleioxidhaltige, giftige Schleifschlämme an. Die Entwicklung von blei- und arsenfreiem Glas stellt in der Glasproduktion eine bedeutende ökologische Innovation dar. Bei diesen Gläsern wird die lichtbrechende Metallverbindung durch Titan- oder Nioboxid gewährleistet. Ein Nebeneffekt dieser Substitution ist, daß das Glas bis zu 36% leichter ist.

**Dämmaterial aus Altglas**

besteht aus einem Blähglasgranulat, einem kugelförmigen Leichtbaustoff aus Altglas. Unter Hinzufügung von Zusatzstoffen wird das Blähglasgranulat erhitzt und verschmilzt nur an den Berührungspunkten der Kugeln. Es entsteht ein Werkstoff, der gute Wärmedämmeigenschaften besitzt, Schall absorbiert, sehr stabil und zudem umweltfreundlich ist (90% Altglasanteil). Dämmplatten und Trennwandsysteme können zukünftige Anwendungen sein.

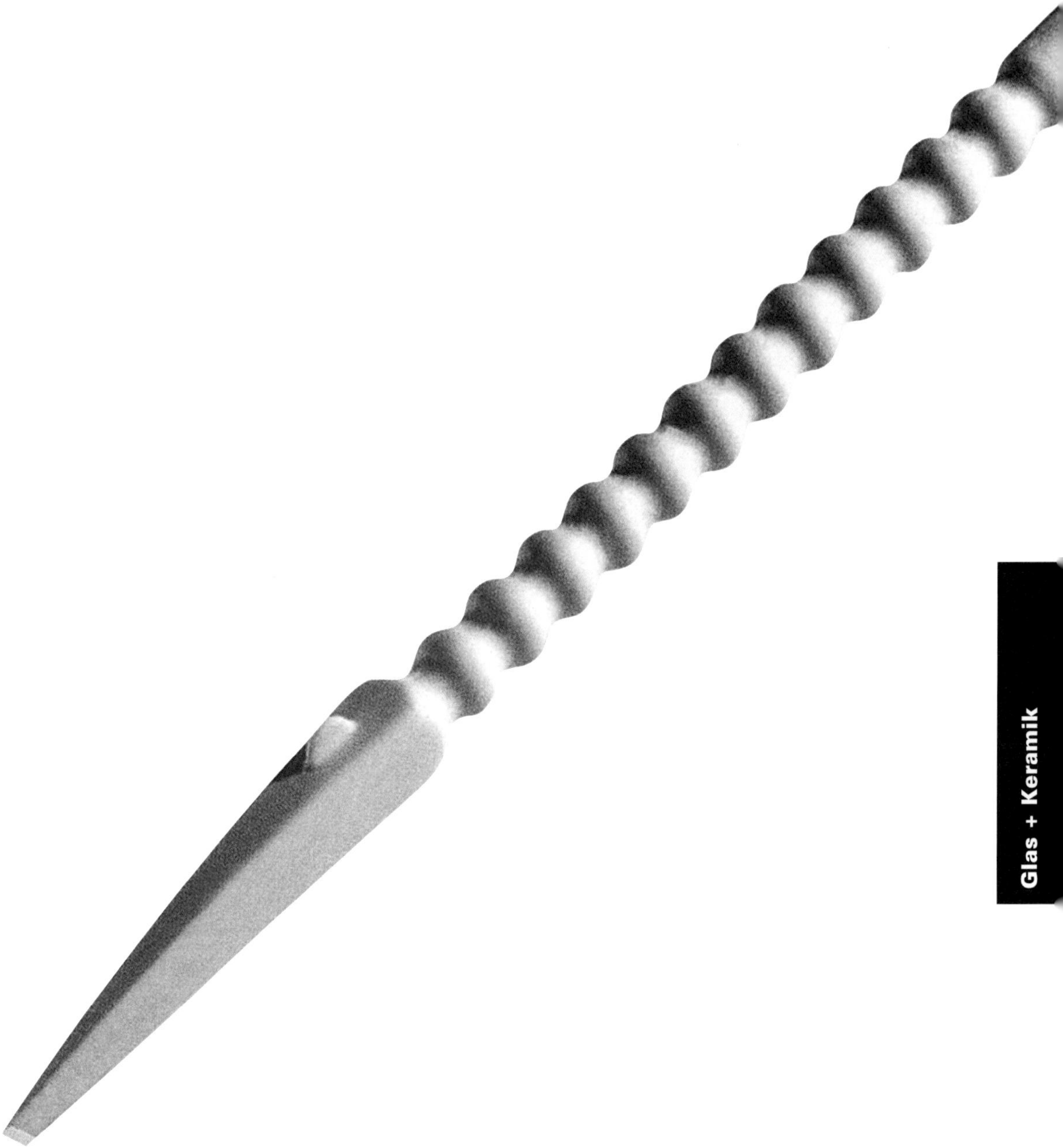

Skalpell aus Keramik

**Optische Glasfasern** werden zu flexiblen Glasfaserkabeln verarbeitet und dienen der Übertragung optischer Signale. Ihre besondere Eigenschaft ist die räumliche Trennung von Lichtquelle und Lichtpunkt. Der Abstand liegt bei der Nutzung als Lichtquelle bei bis zu 30 Metern, bei Nachrichtenübertragungen etc. werden transatlantische Entfernungen erreicht. An einem Ende wird Licht in das Glasfaserkabel geleitet, am anderen Faserende tritt es wieder aus. Lichtleitsysteme, zum Beispiel die Bodenbeleuchtung in Flugzeugen, werden mit Glasfaserkabeln realisiert. Mit Hilfe eines Solarrezeptors, der Sonnenlicht auf dem Gebäudedach aufnimmt, kann auch natürliches Licht durch Glasfaserkabel in das Gebäudeinnere geleitet und dort als Lichtquelle genutzt werden. Bei Fingerkameras befindet sich an einem Ende eines faseroptischen Bildleiters eine kleine Kamera. Die aufgenommenen Bilder werden durch das flexible Kabel weitergeleitet. Als optisches Untersuchungsinstrument werden solche Bildleiterkabel in der Medizin (Endoskopie) eingesetzt.

**Wärmedämmglas** ist die Bezeichnung für einen Glasverbund aus Flachglasscheiben, deren Scheibenzwischenraum mit Argon gefüllt ist. Dieses verleiht dem Produkt einen Wärmedämmwert, der einer 30 cm dicken Ziegelmauer entspricht. Das Wärmedämmglas ist in allen architektonischen Bereichen einsetzbar. Optik und Verarbeitung entsprechen einer gewöhnlichen Fensterverglasung. Im Gegensatz zu normalen Verglasungen, die über schlechte Dämmeigenschaften verfügen, erlaubt diese Neuentwicklung eine ökologisch vertretbare Realisierung von großen Fensterflächen.

**Feuerschutzglas** ist ein Komposit aus einem Glaswerkstoff und einem nanoskaligen Verbundwerkstoff. Zwischen mehreren Kalk-Natron-Floatglasscheiben befindet sich eine Brandschutz-Gel-Schicht (siehe S. 112). Diese schäumt im Brandfall auf, zersprengt die erste dem Feuer zugewandte Glasscheibe und schirmt die dahinterliegenden Scheiben vor der Hitze ab. Läßt diese Abschirmung nach, zerspringt die zweite Glasscheibe durch das Aufschäumen der zweiten Gelschicht. Nach 30 Minuten besteht mit der dritten Gelschicht noch völlige Hitzeabschirmung. Aufgrund dieser Eigenschaften gehört der Werkstoff zur Feuerwiderstandsklasse F. Das Feuerschutzglas schützt somit vor Feuer, Rauch und Hitze. Es ist transparent, besitzt eine gute UV-Beständigkeit und eine Temperaturbeständigkeit von -20 bis 70 °C im transparenten, nicht aufgeschäumten Zustand. Es kann im Außen- wie Innenbereich, für Trennwände und Türen eingesetzt werden. Diese Entwicklung ist ein gutes Beispiel dafür, wie Nanokomposite herkömmlichen Produkten ganz neue Eigenschaften verleihen können.

Gläser

**Selbstreinigendes Fensterglas**

ist eine Kombination aus gewöhnlichem Fensterglas und einem Nanokomposit. Dieses besitzt hydrophile und photokatalytische Eigenschaften. Die hydrophile Wirkung besteht darin, daß Schmutz und Wasser an der Oberfläche nicht haften bleiben, sondern abperlen (Lotuseffekt). Die photokatalytischen Reaktionen finden an Oberflächen mit Titandioxid statt. Dort anhaftende organische Substanzen werden unter Lichteinstrahlung katalytisch oxidiert (kalt verbrannt) und damit in die natürlichen Bestandteile der Luft (H und O) zerlegt. Der Nanowerkstoff wird wie ein herkömmlicher Lack aufgetragen und ist hochtransparent. Architekturfassaden, Wintergärten und Dachflächenfenster werden praktische Einsatzbereiche für selbstreinigendes Glas sein. Auch in diesem Beispiel verleiht ein Nanowerkstoff einem Produkt zusätzliche Eigenschaften.

**Keramikpapier**

wurde entwickelt, um die Oberflächeneigenschaften von gestrichenem Papier zu verbessern. Gestrichenes Papier hat eine sehr glatte, feine, matt glänzende Oberfläche, die sehr kratzempfindlich ist, aber eine hohe Druckqualität ermöglicht. Keramikpapier besitzt die Eigenschaften von gewöhnlichem Papier, die Oberfläche ist jedoch hauchdünn mit Keramik beschichtet und somit absolut unempfindlich.

**Glaskeramik**

zeichnet sich durch Nullausdehnung auch bei extremen Temperaturveränderungen aus. Erreicht wird diese Eigenschaft dadurch, daß in der Glasschmelze Stoffe enthalten sind, die bei einer zweiten Erwärmung des Glases sehr kleine Kristalle bilden (Keramisierung). Die in der Glaskeramik vorhandenen Kristalle sind so klein, daß das Material transparent bleibt, sie ihm aber neben der Nullausdehnung Vorzüge bezüglich der weiteren Verarbeitungsmöglichkeiten verleihen. Glaskeramik besitzt eine hohe chemische Widerstandsfähigkeit und läßt sich ausgezeichnet schleifen und polieren. Aufgrund dieser Eigenschaften werden aus Glaskeramik optische Komponenten für Satelliten und Teleskope gebaut, die auch unter extremen Bedingungen höchste Präzision gewährleisten müssen. Die Herstellung von formal komplexen Bauteilen, die zudem sehr klein sein können, ist ein weiterer Anwendungsbereich. Diese werden in Druckgußformen hergestellt und dann gesintert (s. S. 129). Große Glasscheiben aus diesem Werkstoff können in Halterungen oder Rahmen gefaßt sein, ohne daß die Gefahr besteht, daß sie aufgrund von Dehnungen springen könnten. Dieser Werkstoff eignet sich auch für großflächige Verglasungen in der Architektur.

Spiegelträger für ein Teleskop.
Der Monolith aus Glaskeramik liegt hier nach der 23monatigen Produktionszeit auf dem Prüfstand. Durchmesser: 8 m, Dicke: 17 cm, Gewicht: 23 t.

**Schaumkeramik**

,bezeichnet eine offenporige Struktur aus Keramik. Ein Schaumstoff aus Polyurethan wird mit einer Keramiksuspension getränkt. Während des anschließenden Brennvorgangs im Ofen verbrennt der Schaumstoff.
Die Keramik bleibt als genaue Abformung der Schwammstruktur mit hohlen Keramikstegen erhalten. Schaumkeramik gibt es in verschiedenen Porengrößen und Formen. Als Filter eingesetzt, hat sie neue Möglichkeiten bei der Filterung von Umweltschadstoffen erschlossen. Schaumkeramik besitzt die Durchlässigkeit von Schwämmen und die Temperaturbeständigkeit von Keramik. Werden in einem komplexeren Herstellungsprozeß die hohlen Keramikstege gefüllt, entsteht ein extrem leitfähiger Werkstoff mit einer bis zu 400% höheren Festigkeit gegenüber gewöhnlicher Schaumkeramik. Diese bis zu 1200 °C beheizbare Keramik wird in Bereichen eingesetzt werden, wo durch Verbrennung Energie entsteht oder in Filtern angelagerte Schadstoffe vernichtet werden. Die Dichte der Schaumkeramik entspricht der Dichte von Holz, die Festigkeit ist aber um ein Vielfaches höher. Diese Materialeigenschaften machen sie vielleicht auch für spezielle Leichtbauanwendungen interessant.

**Silikonkeramik**

ist eine Keramik mit Silikonanteilen. Die Silikonpartikel befinden sich zwischen den Keramikteilchen und bewirken eine höhere Schlagunempfindlichkeit. Silikonkeramik wird zunächst in der Elektronik Anwendung finden.

**Keramische Folien**

sind hauchdünn und weiß-durchschimmernd. Sie sind ein hundertstel Millimeter dick, so flexibel wie eine dünne Kunststoffolie und können in unterschiedlichen Porengrößen hergestellt werden. Ausgangsstoff sind nanoskalige Partikel, die im Foliengießverfahren verarbeitet werden. Keramikfolien dienen als Filter für Kleinstmoleküle. Wurde ihre Oberfläche durch ein Sinterverfahren geschlossen (s. S. 129), können sie als Oberflächen für elektronische Sensoren eingesetzt werden. Die Eigenschaften der keramischen Folie entsprechen denen der Keramik. Sie kann auf andere Trägermaterialien aufgebracht werden, was eine preiswertere Produktion von Katalysatoren, Piezoelementen und elektronischen Bauteilen zur Folge haben wird.

**Extrudierte Keramik**

ist die Bezeichnung für ein Keramikbauteil, das in einem Extrusionsverfahren hergestellt wird (s. S. 124 f.). In einem zweiten Produktionsschritt wird es gebrannt. Die Modifikation des Keramikwerkstoffs und dessen Formgebung in

Zahnrad aus Keramik

einem Kunststoffverarbeitungsverfahren ermöglichen die Herstellung von Produkten mit einer neuen Kombination von Eigenschaften. Erstmals ist die serielle Herstellung von Keramikrohren denkbar. Diese werden dort Anwendung finden, wo Metallrohre wegen Oxidation oder Kunststoffrohre wegen zu geringer Säurebeständigkeit ein Risiko darstellen und häufig ersetzt werden müssen.

**SIC-Keramik, elektrisch leitend**

SIC ist die Abkürzung für eine Keramik aus mikroskaligen Siliziumkarbid-Partikeln, auf deren Oberfläche nanoskalige Rußpartikel gegeben werden. Die Rohmasse wird im Schlicker-, Folien- oder Spritzgußverfahren zu den sogenannten Grünteilen verarbeitet. Die Rußpartikel, das ist das Besondere, erlauben ein druckfreies Sintern (s. S. 129). Diese Kombination von Material und Verfahren ermöglicht die Herstellung von sehr kleinen, hochpräzisen Keramikbauteilen, die sich durch hohe Festigkeit und Beständigkeit gegenüber Temperaturschwankungen auszeichnen. Durch das Hinzufügen von Metallmolekülen kann eine SIC-Keramik mit elektrischer Leitfähigkeit angefertigt werden. Mit diesem Werkstoff könnten Glühzünder hergestellt werden, die nicht mehr oxidieren und bessere Verschleißeigenschaften besitzen.

**Kohlefasern**

werden durch Pyrolyse (Verbrennung) und Verstreckung aus Polyamidfasern hergestellt. Sie werden zu Gelegen (Gewebematten), Faserbündeln, Rowings (Seilen) und zu komplexen dreidimensionalen Formen verarbeitet. Bei der Herstellung von CCSiC-Keramik (siehe unten) können in ihren Kohlenstoffmatrixen Flüssigwerkstoffe einlagert werden und dann aushärten. Die Kohlefasern sind extrem zugfest und zeigen keine Ermüdungserscheinungen. Sie schaffen die Festigkeit in CCSiC-Keramik und faserverstärktem Glas (s. S. 52). Der sehr hohe Kohlenstoffanteil bewirkt, daß diese Werkstoffe so hart und bis zu 1600 °C hitzebeständig sind. Die Einbindung von Kohlenstoff in andere Materialien ist ein Forschungsbereich, der mit großem Interesse verfolgt wird. In Japan wurden nun zum ersten Mal Kohlefasern statt Stahlarmierungen in einer Betonbrücke verarbeitet. Aufgrund der enormen Zugfestigkeit (ca. zehnmal größer als bei Stahl) konnte die Brücke wesentlich dünner dimensioniert und mit weniger Stützen gebaut werden.

Russischer Raumtransporter mit Kacheln aus CCSiC-Keramik zum Schutz vor Hitze während der Atmosphärendurchquerung

**CCSiC-Keramik**

Ein Formteil aus Kohlenstoffaserverstärktem Kunststoff (CFK) wird durch einen Verbrennungsvorgang in eine Kohlenstoffmatrix umgewandelt. Diese wird in einem weiteren Brennvorgang unter Siliziumzugabe zu einer Faserkeramik verarbeitet, die schwarz ist. Das CFK-Bauteil kann formal sehr komplex sein und eine hohe Maßgenauigkeit erfordern. Das fertige CCSiC-Teil entspricht der Form weitgehend. So entstehen technische Bauteile, deren Form nicht auf den Werkstoff Keramik schließen läßt. Die Faserkeramik ist bis 1600 °C hitzebeständig (Metalle bis max. 1400 °C), sehr verschleißfest, und ihr Gewicht beträgt nur ein Drittel des Gewichts von Stahl. Einsatzbereiche gibt es bereits in der Raumfahrt und bei Bauteilen, die hohen Temperaturen ausgesetzt sind. CCSiC-Keramik wird in Bereichen interessant, wo hohe Temperaturbeständigkeit bei möglichst geringem Gewicht Vorteile bringt und wo sie Metalle ersetzen kann (zum Beispiel Fahrzeugmotoren, Bremsscheiben bei Hochgeschwindigkeitsfahrzeugen). Die schwarzen Flächen an Raumtransportern sind aus CCSiC.

**Keramik in der Medizin**

In der Medizin soll die Keramik als Werkstoff für Implantate aufgrund ihrer Festigkeit und chemischen Unbedenklichkeit einen immer höheren Stellenwert bekommen. Neue Erkenntnisse im molekularen Bio-Engineering ermöglichen die Herstellung von keramischen Strukturen, die natürlichen Zellstrukturen so gut nachempfunden sind, daß die Körperzellen in diese hineinwachsen und einen festen Verbund zwischen Implantat und natürlichem Gewebe herstellen.

**Biomorphe Keramik**

ist die Bezeichnung für eine Keramik mit biomorphen Strukturen. So wird zum Beispiel Holz (eignet sich für Hochleistungsfilter) durch Pyrolyse (Verbrennung) in eine Kohlenstoffstruktur umgewandelt. Die entstandene Matrix (alte Zellwandstruktur) wird mit Silizium angereichert und zu einem keramischen Werkstoff modifiziert, in dem die biologischen Strukturen sichtbar bleiben. Biomorphe Keramik besitzt in diesem Beispiel den strukturellen Aufbau von Holz und die Materialeigenschaften von Keramik. Die Forschung in diesem Bereich wird mit großem Interesse verfolgt, da man sich durch die Verschiedenartigkeit der verfügbaren pflanzlichen Strukturen völlig neue Einsatzmöglichkeiten für keramische Werkstoffe verspricht.

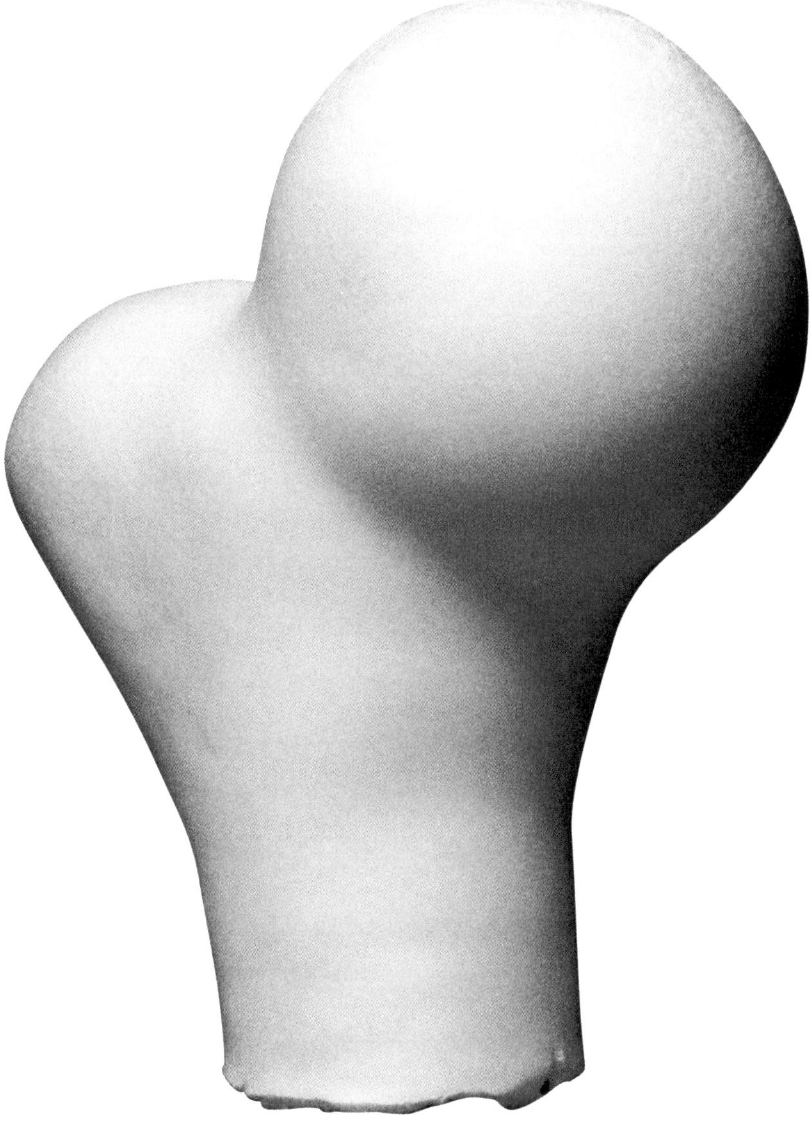

**Modell für einen Hüftkopf aus Bio-Keramik (mit Kalziumphosphat mineralisiertes Kollagen). Im Innern ist die Keramikstruktur so ausgebildet, daß körpereigene Knochenzellen in diese hineinwachsen.**

**Künstliche Diamanten**

Diamant ist eine Kohlenstoffverbindung mit besonders hochwertigen Eigenschaften. Extreme Härte und Wärmeleitfähigkeit sowie chemische Beständigkeit charakterisieren diesen Edelstein. Dank seiner Transparenz in einem weiten Spektralbereich eignet er sich für die Laser- und Röntgentechnik und ist hochinteressant für optische und elektronische Anwendungen. Da hochwertiger Diamant sehr teuer ist und nur in vergleichsweise kleinen Abmessungen existiert, stellt die Herstellung künstlicher Diamanten bzw. Diamantschichten ein bedeutendes Thema für Forschung und Industrie dar. Sie funktioniert folgendermaßen: In einem Reaktor wird mittels Mikrowellen ein Methan-Wasserstoffplasma hergestellt. Durch die chemische Gasphasenabscheidung schlagen sich dann aus diesem Plasma Diamantkristallite auf einem Trägermaterial nieder. Diese Prozesse sind inzwischen so perfektioniert, daß Diamantscheiben hergestellt werden können, die sich in ihren Eigenschaften nicht mehr von hochreinen Diamanten unterscheiden.

**Fullerene**

sind Moleküle, die durch eine Kohlenstoffmodifikation entstehen. Sie besitzen höhere Härte- und Festigkeitswerte als Diamant und sind somit das härteste Material überhaupt. Ihre kürzliche Entdeckung bzw. Entwicklung hat größtes Interesse hervorgerufen. Anwendungsbereiche gibt es noch nicht. Sie sind dort zu suchen, wo Härte, Standfestigkeit und Verschleißschutz Produktvorteile bringen.

**Transparente Keramik (Korund-Keramik)**

ist beinahe so durchsichtig wie Glas und dreimal so hart wie Stahl. In einem Gelcasting-Prozeß werden $Al_2O_3$-Teilchen mit Wasser und einem organischen Zusatzstoff vermischt, in die entsprechende Form gegossen und anschließend bei 1200 °C gesintert. Die Partikel von etwa 500 Nanometer Korngröße lassen sich durch isostatische Nachverdichtung so dicht packen, daß kaum Poren oder Zwischenräume bleiben. Das ist der Grund für die Transparenz, aber auch für die extrem hohe Festigkeit und Härte, für die Kratz- und Verschleißresistenz und Beständigkeit in aggressiven Medien. In diesem Werkstoff verbinden sich die mechanischen Eigenschaften von Keramik und die Transparenz von Glas.

Transparente Keramik in Form einer Scheibe

# Kunststoff

**Kautschuk**

wurde vermutlich von den Maya entdeckt. Sie zapften die Milch aus kautschukliefernden Pflanzen wie z.B Kautschukbaum und Agave und stellten daraus Spielbälle her. Kolumbus brachte den Kautschuk von Südamerika nach Europa. Die kommerzielle Nutzung von Kautschuk wird mit der Erfindung der Vulkanisation in der Mitte des 19. Jahrhunderts möglich. In diesem chemischen Prozeß wird durch die Anreicherung mit Schwefel der instabile Kautschuk in Gummi umgewandelt, der über höhere Elastizität und Stabilität verfügt.

**Zelluloid**

wird aus Zellulosenitrat und Kampfer hergestellt. Zellulosenitrat wird aus der Zellulose von Baumwolle, verschiedenen Laub- und Nadelbäumen und Getreidestroh gewonnen. Zelluloid ist ein thermoplastisches Material, das 1868 entwickelt wurde, um unter anderem Billardbälle zu fertigen. Eastman Kodak entdeckte das Material als Basis für photographische Filme und entwickelte daraus haltbareres Photopapier. Tischtennisbälle bestehen heute noch aus Zelluloid.

**Bakelit**

wird aus Formaldehyd und Phenol hergestellt. Es wurde zum Ende des 19. Jahrhunderts erfunden und war der erste vollsynthetische Kunststoff. Bis Ende der 40er Jahre wurden aus diesem Material Radios, Uhren und Telefone gefertigt. In den 50er Jahren kamen viele neue Kunststoffe mit technisch hochwertigen Eigenschaften auf den Markt. Sie waren während des Krieges zu militärischen Zwecken entwickelt worden und fanden dann als Werkstoffe zur Produktion kommerzieller Produkte Verwendung. Seitdem wird Bakelit nur in kleinen Mengen produziert.

**Beschichtete Fasern**

wurden von dem Schotten Charles Rennie Macintosh als Material für Regenkleidung entwickelt. Er stellte gummibeschichtete Baumwoll- und Seidenfäden her, indem er diese durch ein Bad zog und dann durch wringende Rollen drehte. Heute wird regenfeste Kleidung überwiegend aus Kunstfasern hergestellt. Im Bereich der Sportbekleidung werden immer atmungsaktivere und sich klimatischen Veränderungen anpassende Materialien entwickelt.

Sich selbst mit Luft füllende Isomatte aus einem patentierten Schaumstoffsystem, das mit den beschichteten Nylongeweben verbunden ist.

**Karbonfasern**

wurden von dem Engländer Joseph Wilson Swan Mitte des 19. Jahrhunderts entwickelt. Sie waren Bestandteil der von ihm entworfenen Glühbirne, die er bereits 20 Jahre vor Thomas Edison erfand. Karbonfasern werden heute überwiegend zu Gelegen und Rowings verarbeitet, die wiederum der Verstärkung von Kunststoffen dienen.

**Kautschukschaum**

ist die Bezeichnung für offenzellig geblähten Gummi aus Naturkautschuk. Er kann ohne Lufteinschlüsse, mit offenen oder geschlossenen Poren, mit kompakter oder offener Haut und in verschiedenen Flexibilitäten hergestellt werden. Dies läßt sich durch die Art und Menge des aufschäumenden Gases und das Mischungsverhältnis des Kautschuks regulieren. Kautschukschaum wird in Formen gegossen. Er gehört zur Gruppe der Elastomere und ist somit nicht recycelbar.

**Kunststoffe**

sind makromolekulare Stoffe, die in der Regel aus Erdöl hergestellt werden. Sie werden entsprechend ihrer plastischen Formbarkeit in Thermoplaste, Duroplaste und Elastomere unterschieden. Die Thermoplaste können unter Wärmeeinfluß immer wieder verflüssigt und erneut geformt werden. Aufgrund dieser Eigenschaft sind Thermoplaste recycelbar. Sie liegen in der Regel in Form von Granulat oder Pulver vor und werden in Guß-, Preß- und Ziehverfahren weiterverarbeitet. Duroplaste sind nur einmal, während der sogenannten Urformung, formbar. Sie zeichnen sich durch eine besondere Härte und Temperaturbeständigkeit aus und können nicht wiederverwendet werden. Zu den Duroplasten zählen die Harze. Sie werden überwiegend in Gußverfahren oder aber in Kombination mit Fasern in Laminierverfahren verarbeitet. Die Elastomere besitzen eine hohe Elastizität und sind, einmal in eine Form gegossen und erkaltet, nicht mehr zu verformen oder zu recyceln. Elastomere haben aufgrund ihrer Langzeitelastizität in vielen Bereichen den spröderen Kautschuk bzw. den Gummi ersetzt.

Hocker „Efebo"
Kunststoff
Stacey Dukes, 1970

**Polyurethan (PUR)**

besteht aus Isozyanaten und Polyolen und kann zu Duroplasten, Thermoplasten oder Elastomeren verarbeitet werden (s. S. 70). Die Eigenschaften von PUR-Werkstoffen sind sehr unterschiedlich. PUR-Gießharze besitzen je nach Rezeptur kautschuk-elastische bis zäh-elastische Eigenschaften und werden in der Regel zu Formteilen verarbeitet. Bei PUR-Schaumstoffen wird die Schaumbildung überwiegend durch gasbildende bzw. verdampfende Zusätze hervorgerufen. Sie sind unbeständig gegenüber starken Säuren. PUR-Schaumstoffe werden in unterschiedlichen Härtegraden hergestellt. Hartschaumstoffe werden zur Wärme- und Schallisolation in der Architektur, im Fahrzeugbau und als Sandwichmittellage für Türen, Leichtbauwände u.ä. eingesetzt. Weichschaumstoffe finden überwiegend für Sitzpolsterungen in der Möbelindustrie, im Fahrzeugbau und als Verpackungsmaterial Verwendung. Integralschaumstoff-Formteile zeichnen sich durch eine verschleißfeste, verdichtete bis porenfreie Randzone und einen weichelastischen, zelligen Leichtkern aus. Sie werden in einem Arbeitsgang gegossen. Aus diesem Material werden zum Beispiel Fahrradsättel, Schuhsohlen und Lenkradumhüllungen gefertigt.

**Zellvulkolan**

ist ein PUR-Elastomer mit höchsten Verschleiß- und Abriebwiderständen. Aus diesem Material werden Dichtungen und Stoßdämpfer im Maschinen- und Fahrzeugbau gefertigt, die extrem hohen Gewichten und Kräften standhalten und bruchsicher sein müssen. Aus Zellvulkolan werden Produkte gegossen, die bisher oftmals aus Stein oder Metall bestanden.

**Faserformteile aus Polyurethan (PUR)**

sind gegossene Formteile aus einem PUR-Schaumstoff, der mit Faserstücken gemischt wird. Durch die Fasern erhält der Schaumstoff eine höhere Festigkeit. Je nach Faserlänge und Verlauf kann auch eine relativ gute Riß- und Biegefestigkeit erreicht werden.

**Mikrozelluläres Polyurethan (PUR)**

ist ein harter mikrozellulärer Schaumstoff, der extrem schlagfest, hitzebeständig und leicht zu verarbeiten ist. Besonders geeignet ist mikrozelluläres PUR zur Herstellung großdimensionierter, dünnwandiger Formteile. Anwendungsbereiche sind Gehäuse von TV- und Phonogeräten, Sportartikel, Haushaltsgeräte und Möbel.

Turnschuh mit Sohle aus formgeschäumten PUR-Komponenten

**Kaltformschaumstoff** ist ein PUR, das kalt geschäumt wird. Wie gewöhnlicher PUR-Schaum kann Kaltform-PUR in einem Arbeitsgang mit zwei oder mehreren Bauteilen formschlüssig verbunden werden. Die Modifikation der ursprünglichen Materialeigenschaften von PUR ermöglicht nun die Verarbeitung von wärmeempfindlichen Materialien in einem Verfahren.

**Silikone** sind Verbindungen aus Silizium und Methyl- oder Phenylgruppen. Es gibt sie als Öle, Harze, Pasten, Thermoplaste und Elastomere. Sie sind extrem temperaturbeständig, flammensicher, resistent gegenüber den meisten Chemikalien und besitzen gute Isoliereigenschaften. Die Härte bzw. Elastizität von Silikonen wird durch die Art und Menge des Zusatzes bestimmt. Aufgrund ihrer besonderen Festigkeit werden beispielsweise Silikonharze mit Glasseidengeweben zu Schichtpreßstoff verbunden. Dieser thermisch und mechanisch hochbelastbare Konstruktionswerkstoff wird u.a. im Transformatoren- und Elektromaschinenbau eingesetzt. Silikon-Lackharze, ein weiteres Beispiel, bilden die Grundlage von Lacken, die bis 500 °C hitzebeständig sind.

**Schaumsilikon** besitzt die Eigenschaften von Silikon (hohe Temperaturbeständigkeit, gute Isolationseigenschaften etc.) und ist wesentlich zäher und reißfester als PUR-Schaum.

**Waterlily** ist ein PUR-Schaum, der FCKW-frei geschäumt wird. Es gibt ihn, wie andere Schaumstoffe auch, in verschiedenen Härten, mit geschlossenen oder offenen Poren. Mit diesem Werkstoff können in einer Form Volumen geschäumt werden, die in verschiedenen Zonen unterschiedliche Härtegrade aufweisen. Mit Waterlily kann ein komplettes Polstermöbel mit einer weichen Oberfläche und unterschiedlich harten Kernbereichen in einem Arbeitsgang geschäumt werden.

Gartenschläuche aus Polyurethan (s. S. 72), die im Pultrusionsverfahren (s. S. 125) mit einer Gewebe- oder Metalleinlage versehen werden.

**Thermoplastische Elastomere**

stellen eine aktuelle und revolutionäre Entwicklung in der Polymerforschung dar. Sie besitzen die mechanischen Materialeigenschaften von Elastomeren, können jedoch wie Thermoplaste durch Wärme wieder in einen flüssigen Zustand versetzt werden, sind somit recycelbar und müssen nicht unmittelbar zum Endprodukt verarbeitet werden.

**Polystyren, Polystyrol (PS)**

wurde in den 20er Jahren entwickelt, aber erst in den 30er bzw. 50er Jahren in größeren Mengen produziert. Polystyren wird aus Styrenen (ungesättigtem Hydrokarbon) hergestellt. Es ist ein transparenter Thermoplast, der sich sehr gut einfärben läßt. PS besitzt eine brillante Oberflächenqualität, ist sehr hart und steif und dadurch spröde und schlagempfindlich. Es wird in großen Mengen zu Verpackungsmaterial, Einweggeschirr, Spielzeug und Schaumstoffen verarbeitet. Aufgrund der schlechten Recycelbarkeit wird PS heute immer seltener verarbeitet und durch Polypropylen und Polyethylen ersetzt. PS gehört zur Gruppe der einfachen und preiswerten Polymere.

**ABS**

wird aus Acrylonitrilen, Butadienen und Styrenen synthetisiert und ist ein modifiziertes PS. Die Eigenschaften sind hohe Festigkeit, Zähigkeit, gute Oberflächenqualität, UV- und Alterungsbeständigkeit. ABS ist ein thermoplastischer Kunststoff, der sich gut einfärben läßt. Aus diesem Werkstoff werden Telefone, Elektronikprodukte, Möbel u.ä. gefertigt. Die Herstellung von Kunststoffmöbeln in den 70er Jahren wurde erst durch die Entwicklung dieses Materials möglich.

**SAN**

ist eine weitere PS-Modifikation. Es besteht aus Styrenen und Acrylonitrilen und ist ein thermoplastisches Copolymer. Hohe Transparenz und Festigkeit, gute Verarbeitungsmöglichkeiten, Hitzebeständigkeit und hohe Festigkeit sind die Merkmale dieses Kunststoffs. Aus SAN werden die meisten Küchengeräte hergestellt.

Einwegbesteck

**Polyvinylchlorid (PVC)** wird aus Ethylen und Chlor hergestellt und dann zu Granulat weiterverarbeitet. PVC ist ein flexibler, preiswerter, auch transparenter Thermoplast, der mit verschiedensten Eigenschaften ausgestattet sein kann. Aufgrund seiner guten Korrosionsbeständigkeit wird PVC in der chemischen Industrie und im Apparatebau in Form von Leitungen und Behältern, in der Elektrotechnik für Kabelkanäle, Isolierrohre etc., für Verpackungen, Fensterprofile, Kunstleder und vieles mehr eingesetzt. Ein weiteres Produkt ist Folie aus PVC. Sie zeichnet sich durch hohe Reißfestigkeit aus und wird unter anderem zu aufblasbaren Produkten verarbeitet. Weil bei der Verbrennung von PVC Chlorgas entsteht, versucht man heute, es in öffentlichen Bereichen durch andere Kunststoffe zu ersetzen.

**Acrylglas (PMMA)** besteht aus Methacrylsäuremethylester und ist ein hochtransparenter, harter bis zäher, nichtbrechender Thermoplast mit hervorragender Alterungs- und Witterungsbeständigkeit. Weitere Eigenschaften sind große Oberflächenhärte, hohe Festigkeit, gute Einfärbbarkeit, Bruch- und Kugelsicherheit. Aufgrund seiner guten optischen Eigenschaften eignet sich PMMA als Glasersatz und wird zum Beispiel bei Flugzeugen, im Fahrzeugbau oder in der Beleuchtungstechnik und für Linsen und Meßgeräte verwendet. Eine Sonderform des Acrylglases ist ein mit fluoreszierenden Partikeln angereichertes PMMA. Dieses Material leuchtet bei normalem Licht an den Kanten oder in eingefrästen Vertiefungen. Wird es mit Schwarzlicht hinterleuchtet, erscheint die gesamte Fläche fluoreszierend.

**Polyethylen (PE)** ist wohl der am meisten und in den verschiedensten Qualitäten produzierte Thermoplast. Es wird unterschieden in LDPE (low density) und HDPE (high density). Die Festigkeit kann von flexibel über zäh bis hart variieren. Die Eigenschaften von PE sind eine wachsartige Oberfläche, geringe Hitzebeständigkeit und gute Laugen- und Säurebeständigkeit. Es läßt sich in Guß- und Blasverfahren sehr gut verarbeiten. Aufgrund der guten Beständigkeit gegenüber Chemikalien lassen sich zwischen PE-Teilen nur dann stabile Klebeverbindungen herstellen, wenn durch chemische oder physikalische Eingriffe die Oberfläche angegriffen bzw. aufgerauht wird. Das ursprünglich opak-transparente Material läßt sich sehr gut einfärben. Aus PE werden Folien für unterschiedlichste Anforderungen, Spritzgußartikel wie Haushaltsgegenstände, Behälter, Tanks, Rohre u.ä. hergestellt.

Im Spritzgußverfahren hergestellte Hohlraumdose aus Polypropylen (s. S. 88)

**Polyamid (PA)**

ist ein Thermoplast, der relativ hart sowie hitze- und witterungsbeständig ist und sich durch hohe Formbeständigkeit und hohe Abriebfestigkeit auszeichnet. Polyamid verfügt aufgrund seiner Materialeigenschaften über ein großes Anwendungsspektrum. Seine niedrige Schmelzenviskosität verleiht ihm sehr gute Spritzgußeigenschaften (s. S. 127). Mit Polyamid als Ausgangsmaterial von Nylon begann die Entwicklung der Kunstfasern in der Textilindustrie. Als Konstruktionswerkstoff für Bauteile für hochwertige technische Anwendungen wird es aufgrund seiner sehr guten mechanischen Festigkeit verwendet und zu Zahnrädern (Abb. S. 81), Getriebeteilen, Gleitlagern, Kolbenringen, Schrauben verarbeitet.

**Melamine**

sind sehr harte, spröde, hitze- und chemikalienbeständige, duroplastische Kunstharze, die häufig zur Herstellung von Laminaten verwendet werden. Laminate sind mit Melaminharz getränkte Papierschichten, die miteinander zu Plattenwerkstoffen verpreßt werden. Die oberste Papierschicht ist gefärbt oder gemustert, kann strukturiert und in verschiedenen Glanzstufen ausgeführt sein. Laminate zeichnen sich durch ihre Oberflächenfestigkeit aus und werden zur Beschichtung von Holzwerkstoffen, zum Beispiel für Arbeitsflächen im Laborbereich, eingesetzt.

**Technische Verbundwerkstoffe**

sind Faserverbundwerkstoffe, die aus duroplastischen Harzen oder Thermoplasten und Verstärkungsmaterialien wie Kohlefasern, Glasfilament- oder Synthesefasergelegen hergestellt werden. Die Gelege werden in oder auf Formen gelegt, mit dem Kunststoff bestrichen und unter Wärmezufuhr ausgehärtet. Mit Kunststoffen vorimprägnierte Fasermatten werden als Prepregs bezeichnet. Sie werden unter Hitzezufuhr und Druck miteinander verpreßt und ausgehärtet. Faserverstärkte Bauteile zeichnen sich durch hohe Temperaturbeständigkeit und durch sehr hohe Stabilität bei geringem Gewicht aus. Aufgrund der untrennbaren Verbindung von Fasern und Harzen sind technische Verbundwerkstoffe nicht zu recyceln. Diese Materialeigenschaften prädestinieren sie unter anderem für Anwendungsbereiche, in denen Größe, Stabilität bei geringem Gewicht, Bewegung, Geschwindigkeit und dadurch Energieersparnis in direktem Zusammenhang stehen. Mehr und mehr versucht man heute technische Verbundwerkstoffe anstelle von Stahl im Maschinenbau und in der Robotertechnik einzusetzen. Anwendungen sind unter anderem Sportgeräte wie Skier, Boote, Surfbretter, Tanks und Halbzeuge wie Rohre und Plattenwerkstoffe. Durch die Einarbeitung von Kupfer werden technische Verbundwerkstoffe zu Basismaterialien für Leiterplatten.

Zahnräder aus dem besonders
festen Kunststoff Vestamid

**Polyester** entsteht bei der Reaktion einer Dikarbonsäure mit einem Diol. Diese beiden Stoffe liegen als hochviskose Flüssigkeiten vor, die aushärten, wenn ein entsprechender Katalysator hinzugefügt wird. Polyester ist ein gut einzufärbendes duroplastisches Harz mit hoher Festigkeit und Chemikalienbeständigkeit. Man unterscheidet zwischen gesättigten und ungesättigten Polyesterharzen. Bei der Herstellung von Verbundwerkstoffen aus Glas-, Kohlenstoff- und Aramidfasern werden überwiegend gesättigte Polyesterharze verwendet. Sie werden auf die Gewebelagen aufgetragen und mit diesen verpreßt. In Form von gesättigtem Gießharz wird Polyester für Versiegelungen verwendet und zur Herstellung von synthetischen Fasern genutzt. Ungesättigte Polyesterharze werden überwiegend in Formen gegossen oder gepreßt. Aus ihnen werden Stecker und Isolationsteile für die Elektrotechnik hergestellt. Mit Kurzfasern verstärkte Polyesterharze werden zu Tanks, Propellern, Karosserien, Schutzhelmen, Booten, Telefonzellen, Sportgeräten u.ä. verarbeitet.

**Epoxidharze** bestehen aus Epichlorhydrin und Diphenylpropan. Je nach Art und Menge der hinzugefügten Härter, Verdünnungsmittel und anderen Zusätze gibt es Epoxidharze mit den unterschiedlichsten Eigenschaftspotentialen. Epoxidharze sind relativ chemikalienbeständige Duroplaste. Aufgrund ihrer sehr guten Haftung an metallischen und nichtmetallischen (nicht an thermoplastischen) Stoffen werden sie als Laminier- und Klebharze genutzt. Als Verbundwerkstoff mit Glasfasern werden sie beim Bau von Sportgeräten, Flugzeug- und Bootsteilen verwendet.

**Nomex und Kevlar** sind technische Kunststoffe, aus denen Filme oder Aramidfasern hergestellt werden. Hohe Festigkeit, Temperaturbeständigkeit zwischen -200 °C und +160 °C, geringes Gewicht und geringer Preis sind Qualitäten dieses Materials. Aus Nomex und Kevlar werden unter anderem Textilien für die Raumfahrt, kugelsichere Westen und Verbundwerkstoffe hergestellt.

Bauteil aus Kunstharz, hergestellt im Stereolithographieverfahren (s. S. 134)

**Glasfaserverstärkte Thermoplaste**

besitzen eine höhere Festigkeit als andere thermoplastische Polymere, da sie mit Glasfaserstücken versetzt sind. Die kurzen Faserstücke sind Bestandteil der Kunststoffmasse und werden in den verschiedenen Formgebungsverfahren direkt mitverarbeitet. Diese Werkstoffe verfügen über mechanische Eigenschaften, deren Werte zwischen denen von Verbundwerkstoffen und unverstärktem Kunststoff liegen, und haben den Vorteil, daß sie in höheren Stückzahlen produziert werden können als technische Verbundwerkstoffe. Aus glasfaserverstärkten Kunststoffen werden zum Beispiel große Behälter gefertigt. Um die Oberflächenqualität zu verbessern, wurden Fasern mit runden Enden entwickelt.

**Honeycombs**

ist die Bezeichnung für Wabenstrukturen, die aus Polymeren gegossen werden. Der skelettartige Aufbau verleiht den Honeycombs eine hohe aussteifende Wirkung und ein geringes Gewicht bei minimalem Materialeinsatz. Sie wurden als Leichtbauwerkstoff unter anderem für den Flugzeugbau und als Mittellage von Plattenwerkstoffen entwickelt.

**Netzwerkstoffe**

ist die Bezeichnung für textile Halbzeuge, die eine dreidimensionale Struktur besitzen. Sie werden mit einem Polymer getränkt und in eine Form gelegt oder gebogen. Nach der Aushärtung des Kunststoffs bleibt die Form erhalten. Dieses Material wird als Mittelschicht für Komposite eingesetzt. Es ist in Längsrichtung und in der Höhe sehr stabil, in Querrichtung jedoch biegbar. Anders als bei den Honeycombs können aus Verbundwerkstoffen auch stark gebogene oder runde Bauteile hergestellt werden. Netzwerkstoffe werden in unterschiedlichen Abmessungen und Festigkeiten produziert.

**Filmoberflächen**

bestehen aus Filmen, die in einem Arbeitsgang mit einem Trägermaterial formschlüssig oder thermisch verbunden werden. Die Filme gibt es in den unterschiedlichsten Ausführungen (glänzend, matt, farbig, strukturiert und gemustert). Sie bilden die Oberfläche des Produkts und werden zur Oberflächenveredlung einfacher Materialien verwendet. Der Film liegt dabei in einer Gußform, die zum Beispiel mit PUR ausgeschäumt wird.

Netzwerkstoff 3D TEX,
die Höhe der Kegel beträgt 13 mm

**Warmformfolien**

werden zusammen mit einem Plattenwerkstoff aus Kunststoff tiefgezogen (s. S. 125). Es gibt sie in unterschiedlichen Farben, Glanzstufen, leicht strukturiert oder verspiegelt, mit einer Samt- oder Veloursschicht. Auf diese Weise werden einfache, preiswerte Produkte mit einer hochwertigen Oberfläche versehen. Außerdem ermöglichen die Folien eine Produktion von Kleinserien, deren Gegenstände sich in Farbe und Oberfläche unterscheiden. Kunststoffetuis für Füllfederhalter sind oft mit diesem Material ausgekleidet.

**Velvetoberflächen**

werden in einem Prozeß hergestellt, der Beflockung genannt wird. Dabei werden kurze Textilfasern auf ein Objekt mit einer noch frischen Farboberfläche gesprüht. Wurde diese zuvor in ein elektrisches Feld verwandelt, richten sich die Fasern während des Vorgangs gleichmäßig orthogonal zur Produktoberfläche auf. Optik und Haptik gleichen der von Samt.

**Sprühbare Faseroberflächen**

werden im selben Verfahren wie die Velvetoberflächen hergestellt. Sie stellen eine Weiterentwicklung dar, weil dabei nicht nur Velvetfasern, sondern beliebige Textilfasern verarbeitet werden können. Ästhetische und haptische Kriterien können somit dem Produkt entsprechend gewählt werden.

**Aromaoberflächen**

bestehen aus gewöhnlichen Lacken, die mit Duftstoffpartikeln versetzt sind. Diese verlieren ihre Wirkung erst nach vielen Jahren. Eingesetzt werden sie entweder zur Beseitigung von unangenehmen Gerüchen, die von chemischen Bestandteilen eines Kunststoffs ausgehen, oder aber zur gezielten Parfümierung. Denkbar sind auch funktionale Beweggründe wie zum Beispiel die Herstellung eines Lacks für Gartenmöbel, der Duftstoffe gegen Mücken enthält.

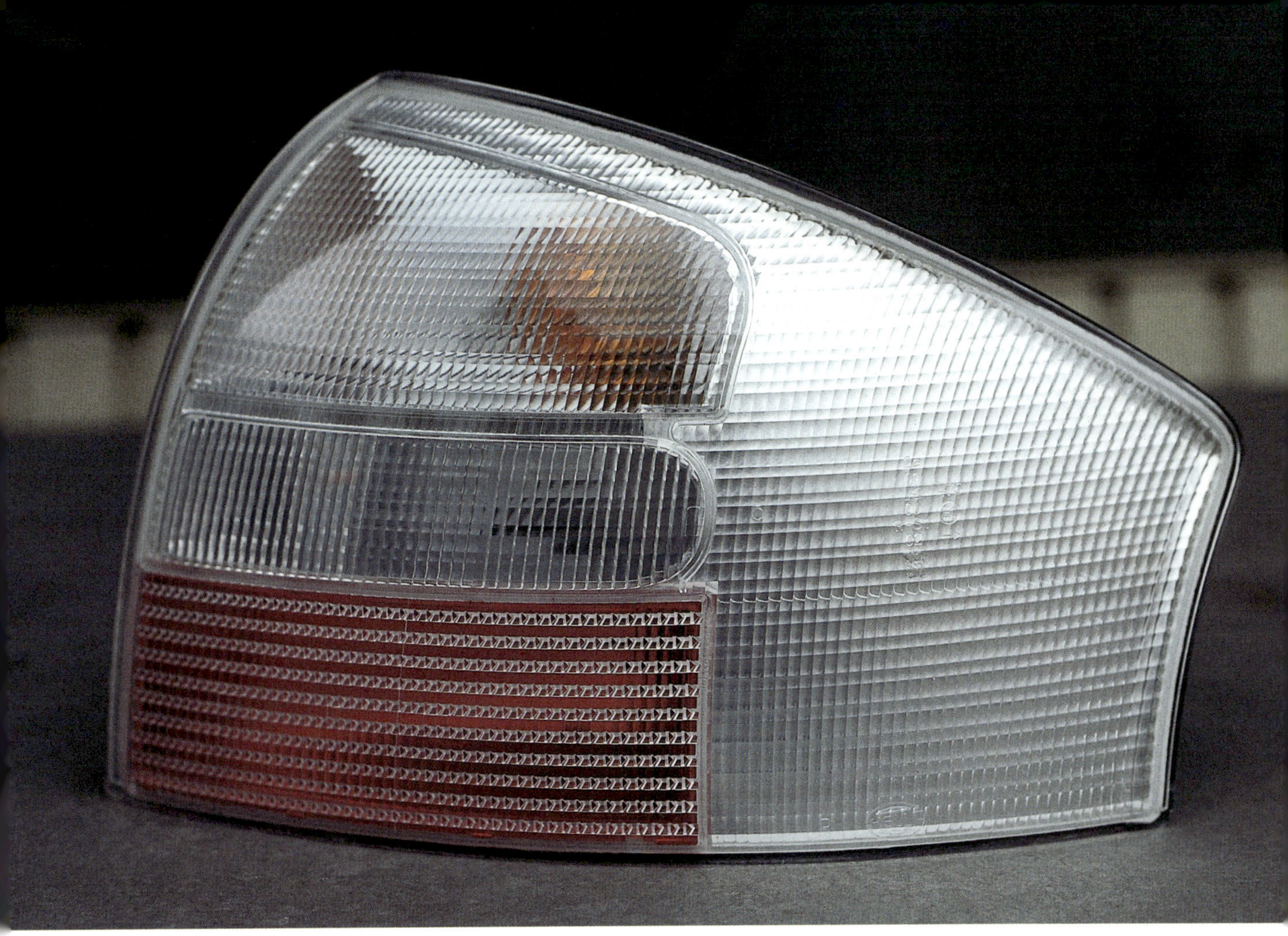



Im Spritzgußverfahren hergestelltes Autorücklicht aus PMMA (s. S. 78). Das Material ist aufgrund seiner hohen Transparenz und UV-Beständigkeit für diese Anwendung besonders geeignet.

**Polypropylen (PP)**

ist ein preiswerter, harter, zäher Thermoplast aus Propylen. PP besitzt gute mechanische Eigenschaften, ist gegenüber den meisten Chemikalien beständig und darum schlecht durch Klebeverbindungen zu fixieren. Es läßt sich in verschiedenen Guß- und Blasverfahren sehr gut verarbeiten (s. S. 126 f.). Das Besondere an PP ist die hochglänzende Oberfläche. Helme, Folien und zahlreiche Haushaltswaren sind aus PP. Aufgrund seiner vielseitigen Verwendbarkeit ist PP heute das neben Polyethylen am häufigsten produzierte Polymer und zudem sehr gut zu recyceln.

**Polykarbonat (PC)**

wird aus Biphenol A hergestellt. PC ist ein thermoplastischer Kunststoff, der im Vergleich zu anderen Thermoplasten über besondere Härte, Bruchsicherheit, Steifheit und sehr gute elektrische und thermische Eigenschaften verfügt. PC besitzt in einem weiten Temperaturbereich (bis -100 °C) ein sehr gutes Schlagverhalten und hohe Formbeständigkeit, ist jedoch nur bedingt chemikalienbeständig. Es ist glasklar mit leicht gelblicher Eigenfarbe.
Es nimmt wenig Wasser auf und ist sehr witterungsbeständig. Sicherheitsscheiben, Gehäuse für Haushaltsmaschinen, Zahnräder und Werkzeuge werden aus PC gefertigt.

**Polyformaldehyd (POM)**

wird aus Formaldehyd hergestellt und zunächst zu einem Granulat verarbeitet. Aufgrund der für thermoplastische Kunststoffe besonders guten mechanischen Eigenschaften und einer Wärmeformbeständigkeit bis 160 °C ist POM besonders als Konstruktionswerkstoff für maßhaltige Präzisionsteile und technische Bauteile wie Zahnräder, Lager, Büro- und Haushaltsmaschinen von Bedeutung.

**Polymethylpentene**

sind transparente, thermoplastische Polymere mit Höchsttemperaturbeständigkeit. Sie ersetzen das preiswertere Polykarbonat bei Bauteilen, die hohen Temperaturen ausgesetzt sind und transparent sein sollen. In der Produktion von Haushaltsgeräten werden oftmals Polymethylpentene verwendet.

Geöffnete Rotations-Spritzgußmaschine mit Motorradtank. Vor Produktionsbeginn werden Gewindebuchsen für die spätere Montage und der Tankdeckelverschluß in die Form montiert. Um eine gleichmäßige Wandstärke zu erzielen, rotiert die Form während der Herstellung um zwei Achsen. Die Produktionszeit beträgt ungefähr eine Stunde (s. auch S. 91).

**Polyhalogenofine (u.a. PTFE, FEP)**

besitzen eine außergewöhnlich hohe Chemikalienbeständigkeit und eine für Kunststoffe extreme Temperaturbeständigkeit von -269 °C bis +280 °C. PTFE liegt zunächst als Pulver vor, die Weiterverarbeitung erfolgt durch Pressen und Sintern (s. S. 129). FEP kann bei 390 °C auch im Spritzgußverfahren verarbeitet werden (s. S. 127). Die Polyhalogenofine brennen nicht, sind sehr witterungsbeständig und besitzen den niedrigsten Reibungskoeffizienten aller Kunststoffe. Verwendet werden Polyhalogenofine nur, wenn höchste mechanische Eigenschaften gefordert sind. So erlangt ein Metallbauteil durch Aufsintern einer PTFE-Schicht maximale Oberflächenfestigkeit. Aus PTFE werden Dichtungen, wartungsfreie Lager, Küchengeräte und, der chemikalischen Unbedenklichkeit wegen, medizinische Geräte, Fäden und Schläuche hergestellt.

**PI**

verfügt über eine äußerst große Temperaturbeständigkeit, eine hohe Oxidationsbeständigkeit, einen niedrigen Ausdehnungskoeffizienten und eine außergewöhnliche Festigkeit bei hohen Temperaturen. Vor einigen Jahren hat man versucht, Kochtöpfe aus diesem Material als neue Produktidee auf den Markt zu bringen. Die Käufer haben den Kunststofftopf für den Herdgebrauch nicht akzeptiert. Als Material für Mikrowellengeschirr, das einer nicht spürbaren, aber wesentlich höheren Hitze ausgesetzt ist, ist PI tagtäglich im Einsatz.

**Superpolymer**

ist ein Begriff für Polymere mit außergewöhnlichen, hochspezifischen Eigenschaften. Sie werden individuell für bestimmte Anforderungen konzipiert. Als Beispiel läßt sich ein Polymer anführen, das im Vakuum flexibel ist, durch Luftzufuhr sein beabsichtigtes Volumen erhält und unter UV-Licht sehr fest aushärtet. Viele dieser Polymere halten extrem hohen Temperaturen stand oder besitzen höchste Festigkeitswerte. Die Entwicklung der Superpolymere wurde insbesondere Mitte der 80er bis Anfang der 90er Jahre mit großem Interesse verfolgt. Man versprach sich von diesen Materialien die Entwicklung neuer Produkte und Technologien. Diese Werkstoffe, so glaubte man, würden sehr bald den größten Marktanteil besitzen. Dies ist nicht eingetreten, obwohl es für Hochleistungskunststoffe durchaus interessante Einsatzbereiche geben könnte. Die hohen Produktionskosten und komplizierte Verarbeitungstechnologien haben den Durchbruch dieser Werkstoffe verhindert.

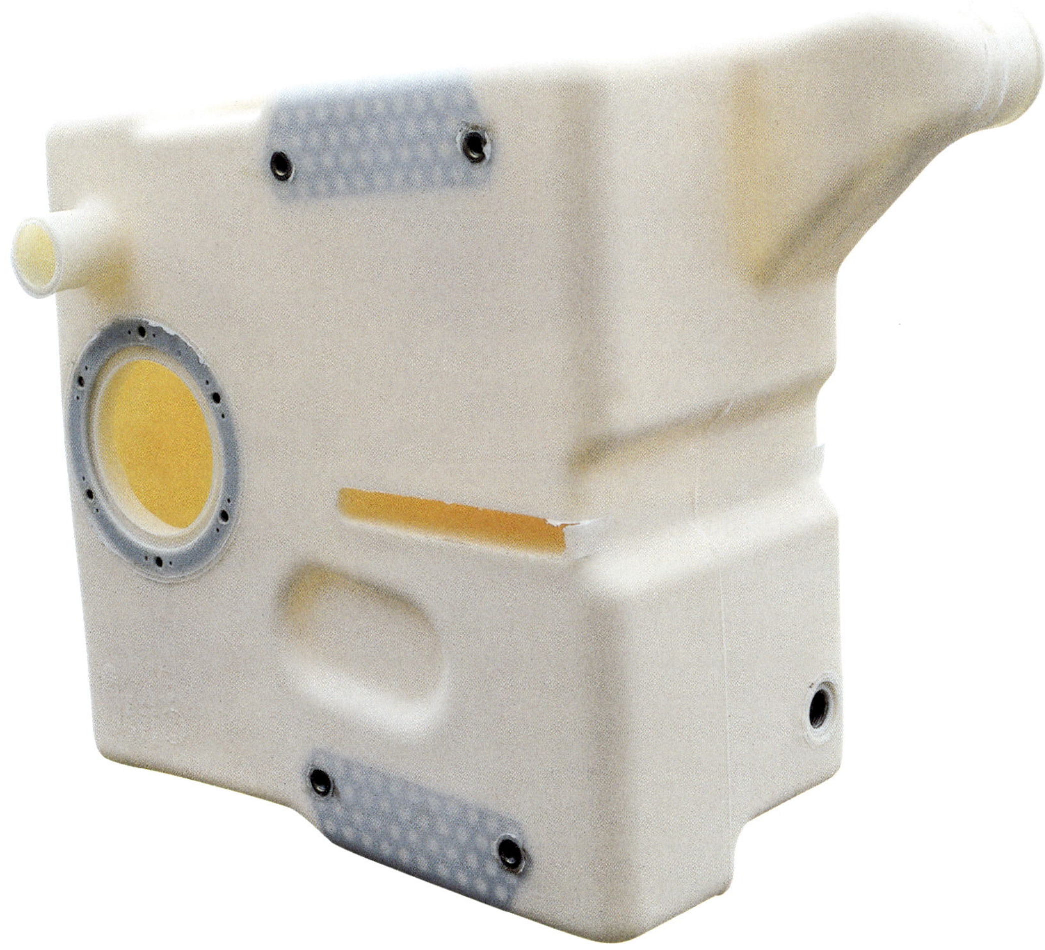

Im Rotations-Spritzgußverfahren hergestellter Tank mit integrierten Verstärkungen aus Lochblech und Vorrichtungen zur späteren Montage (s. auch S. 89).

**PEEK**

ist ein teilkristalliner, leicht zu verarbeitender Thermoplast, der sich durch hohe Zug- und Biegefestigkeit, Schlagzähigkeit und konstant gute elektrische Eigenschaften bei Temperaturen von 0 °C bis 220 °C auszeichnet. Darüber hinaus besitzt PEEK ein gutes Gleitverhalten und ist schwer entflammbar. Anwendungsgebiete liegen im High-Tech-Bereich.

**Nitinol**

ist ein Memorykunststoff. Auf eine bestimmte Temperatur geeicht, dehnt er sich aus. Die Schalter von Wasserkochern zum Beispiel können aus Nitinol sein. In diesem Fall ist das Material so eingestellt, daß es sich bei 90 °C ausdehnt und den Kocher ausschaltet. Nitinol wird aufgrund seiner biokompatiblen Eigenschaften auch als Material für Implantate verwendet.

**Kunststoffstahl**

bezeichnet ein Polymer, das mit Metallmolekülen versetzt wird und dadurch metallische Eigenschaften erhält. Das Material ist flexibel, rückstellend, sehr hart und hitzebeständig und läßt sich, das ist das Besondere, in allen für Kunststoffe spezifischen Guß- und Blasverfahren formen (s. S. 126 f.).

**Gel**

ist ein übergeordneter Begriff für Dispersionen, bestehend aus Molekülen, die sich zu größeren Aggregaten zusammenschließen können. Im Sol-Zustand sind die Teilchen frei beweglich, im Gel-Zustand netzartig miteinander verbunden. Gele besitzen eine hohe Leitfähigkeit und finden eine immer breitere Anwendung als Füllstoffe von anderen Materialien oder Gemengen, oder sie sind ein Basismaterial mit festgelegten Eigenschaften.

**Metallocene**

sind Moleküle von Metallen, die Polypropylen (PP) in seinen Eigenschaften modifizieren. Durch die Wahl des Metallocens kann ein Polypropylen fast alle Eigenschaften erhalten, die bisher durch eine ganze Palette von Kunststoffen abgedeckt wurden. Die Weiterentwicklung könnte dazu führen, daß es in Zukunft nur noch wenige Kunststoffe gibt und sogar hochspezifische Kunststoffe durch modifiziertes PP ersetzt werden können. Die Tendenz, wenige Kunststoffsorten mit möglichst großen Eigenschaftsspektren statt vieler mit Höchstspezialisierungen zu entwickeln, ist eine bedeutende Entwicklung hin zu ökologischer Polymerproduktion, da fast nur sortenreine Abfälle anfallen und diese ohne Qualitätsminderung recycelt werden können.

In spanendem Laserverfahren hergestelltes Bauteil für mechanische Mikrosysteme (vgl. S. 124 ff.).

**Lumineszenter Kunststoff**

ist ein Kunststoff, der mit Phosphorpartikeln angereichert ist. Phosphor verfügt bekanntlich über nacht- bzw. selbstleuchtende Eigenschaften. Prozeßbedingt konnten nun erstmals Thermoplaste mit diesen Partikeln hergestellt werden. Entstanden ist ein Kunststoff, der tagsüber verschiedenfarbig soft matt erscheint und nachts gelb leuchtet. Um den Kunststoff für vier Stunden leuchten zu lassen, muß er nur 30 bis 90 Sekunden mit Licht aufgeladen werden. Der lumineszente Kunststoff ist ein Polycarbonat, das sich durch gute Biege- und Kratzfestigkeit auszeichnet. Die Formgebung von Produkten aus diesem Material erfolgt im Spritzgußverfahren. Die Lumineszenz ist nicht nur unter optischen, sondern vor allem unter funktionalen Gesichtspunkten zum Beispiel für den Sport- und Sicherheitsbereich interessant.

**Organic Light Emitting Diodes (OLEDs)**

ist die Fachbezeichnung für Polymere, die unter elektrischer Spannung leuchten. Diese Polymere (Kunststoffe) zeichnen sich insbesondere durch geringes Gewicht, flächige Abstrahlung, hohe Energieeffizienz, breiten Abstrahlwinkel, Farbbrillanz und große Helligkeit aus. OLEDs bestehen aus einem Substrat, einer transparenten Elektrode, dünnen organischen Schichten im Nanometerbereich und einer Gegenelektrode. Bei Anlegen einer elektrischen Spannung an die Elektroden wird in den organischen Schichten Licht emittiert. Bisher war die Entwicklung dieser jungen und sehr speziellen Technologie auf Anwendungen im Displaybereich konzentriert. Inzwischen hat man aber das Potential als Lichtquelle erkannt und beginnt mit der Entwicklung von OLEDs, die auch im Beleuchtungssektor eingesetzt werden können. Durch die Einheit von Lichtquelle und Material bieten die OLEDs äußerst spannende Perspektiven in der Produktgestaltung.

**Farbstoffdotierte Hydrogele und thermochrome Polymerfolien**

stellen eine neue Möglichkeit zur gezielten Steuerung und Gestaltung der Lichtdurchlässigkeit und Farbe bei Verglasungen dar. Diese Gele oder Folien können von einem hochtransparenten in einen milchig-weißen oder farbigen Zustand schalten. Farbveränderungen zum Beispiel von Gelb nach Rot sind auch realisierbar. Über die Zusammensetzung der Polymermaterialien lassen sich sowohl die Schalttemperatur als auch der Grad der Transluzenz gezielt variieren. Lichtdurchlässigkeit und / oder Farbe sind auf drei Arten steuerbar: passiv durch Sonneneinstrahlung (Temperatur), aktiv durch elektrische Schaltung oder in einer Kopplung dieser beiden Schaltvarianten (hybrid). Der Effekt ist eine Reduzierung der Wärmeeinstrahlung und eine Lichtregulierung in den Räumen. Außerdem kann die Glasfassade chamäleonartig ihre Farben wechseln.

Leuchtkunststoff im Dunkeln

| | |
|---|---|
| **Sonnenblumen- und Sojaöl** | können Grundstoffe für Farben, Lacke und Linoleum sein. |
| **Zuckerrüben** | eignen sich zur Synthese von chemisch-technischen Produkten. |
| **Kartoffelstärke** | wird bereits als Rohstoff für abbaubare Kunststoffe und Verpackungen genutzt. |
| **Rizinusöl** | kann als Basismaterial zur Synthetisierung natürlicher Polyamide verwendet werden. Aus ihnen sollen in Zukuft Bremsschläuche hergestellt werden. |
| **Cashewnußöl** | kann als Bindemittel für Naturfasern verwendet werden. |
| **Fette** | aus verschiedenen Rohstoffen können so aufbereitet werden, daß sie sich zum Beispiel zur Schmierung von Motorsägen eignen. Sie würden grundwasserbelastende Öle ersetzen. |
| **Biopol** | ist ein Kunststoff, der aus genetisch veränderter Kresse hergestellt wird. Er ist biologisch abbaubar und wird als Verpackungsmaterial oder als resorbierbares chirurgisches Nahtmaterial eingesetzt. Pilze, Feuchtigkeit und Bakterien bewirken seinen biologischen Abbau. |
| **Pflanzenfasern** | werden mehr und mehr bei der Herstellung von technischen Bauteilen eingesetzt. Die besonderen Eigenschaften von Naturfasern liegen in ihrer Röhrenstruktur. Diese bewirkt eine gute Geräusch- und Wärmedämmung und eine natürliche „Atmung", die der Feuchtigkeitsregulierung dient. Halme besitzen aufgrund ihres strukturellen Aufbaus und der geringen Wandstärken eine enorme statische Belastbarkeit in Längsrichtung. Pflanzenfasern sind sehr biegsam, extrem zugfest und gut zu recyceln. Aufgrund dieser Eigenschaften ersetzen sie immer mehr die synthetischen Fasern bei der |

Becher aus sehr dünnwandigem Polystyrol (s. S. 76), der mit einer Ummantelung aus Pappe verstärkt wird.

Herstellung von Verbundstoffen. Anwendung finden mit Polymeren verstärkte Naturfaserverbunde in größerer Stückzahl bereits als Türinnenverkleidungen von Automobilen. Die Verarbeitung von Pflanzen wie Flachs, Stroh, Hanf, Schilf, Bananenfasern, Ananasfasern, Kokosfasern, Bambus etc. ist aus ökologischen aber auch ökonomischen Gründen interessant. Pflanzen sind nachwachsende Rohstoffe, und besonders bei Gräsern ist die Biomasse-Produktion sehr hoch. Im Vergleich produziert Schilf pro Zeiteinheit 15 mal soviel Biomasse wie Holz und wäre zum Beispiel eine ökologische Alternative für die Herstellung von Plattenwerkstoffen.

**Verbundwerkstoffe aus nachwachsenden Rohstoffen**

bestehen aus Biopolymeren und Naturfasern. Zur Herstellung der Biopolymere werden Zuckerrüben, Kartoffeln, Mais, Pflanzenöle oder Zellulose, die aus Altpapier gewonnen wird, verwendet. Die Faservliese oder -matten werden hergestellt aus Flachs, Hanf, Jute oder Ramie, eine subtropische Nesselart. Bioverbunde besitzen je nach Faser und Polymer Festigkeitseigenschaften, die denen der Glasfaserverstärkten Komposite (GFK) beinahe entsprechen. Aus ihnen können Formteile gepreßt, gewickelt und stranggepreßt werden. Die besondere Eigenschaft der Bioverbunde ist ihre Kompostierbarkeit. Innerhalb von 4 Monaten bauen Mikroorganismen 100% der Masse ab. Aufgrund der Materialeigenschaften könnten Verbundwerkstoffe aus nachwachsenden Rohstoffen viele der nicht recycelbaren Bauteile aus GFK ersetzen. In der Luft- und Raumfahrttechnik wird der Einsatz von faserverstärkten Kompositen aus Ramie für den Flugzeugbau geprüft (s. auch Technische Verbundwerkstoffe, S. 80).

**Biotech-Fasern**

sind die ersten „Kunst"-Fasern, die aus 100% nachwachsenden Rohstoffen bestehen und biologisch abbaubar sind. Sie vereinen die Materialeigenschaften und Vorteile von natürlichen Fasern mit den Qualitäten von herkömmlichen synthetischen Garnen. Für die Herstellung wird der von Pflanzen während der Photosynthese abgegebene Kohlenstoff verwendet. Kohlenstoff wird in Pflanzen wie zum Beispiel Mais in Form von Stärke gespeichert, die wiederum in natürliche Zucker umgewandelt werden kann. Durch Fermentierung und Trennung werden der Kohlenstoff und andere Bestandteile aus dem Zucker extrahiert und für die Herstellung des Polymers verwendet. Aus diesem neu entwickelten Polymer (Polyactid PLA) werden dann die Fasern und Garne in herkömmlichen Verfahren hergestellt. Die Einsatzgebiete reichen von Kleidung bis zu Polstermöbeln.

Schutzhelm aus Flachsfasern, verstärkt
mit einem duroplastischen Biopolymer.

# Smart Materials + Nanokomposite

**Smart Materials (adaptive Werkstoffe)**

ist der Oberbegriff für „intelligente" Werkstoffe. Diese Materialien reagieren auf wechselnde äußere Einflüsse mit der Veränderung ihrer Eigenschaften. Reize und Reaktionen können je nach Anforderung konzipiert werden. Die Entwicklung von intelligenten Materialien ist ein Bereich in den Werkstoffwissenschaften mit noch unvorstellbaren Potentialen. Die Ansätze für Problemstellungen oder aber die Formulierung des Effekts entstehen oftmals auch durch die Beobachtung von Systemen in der Natur. Ohne die Bionik ist die Entwicklung von neuen Werkstoffen, aber auch Leichtbaumaterialien und Konstruktionssystemen, nicht mehr denkbar. So werden zum Beispiel elektrische Fische zum Vorbild für technische Sensorsysteme, und an den ultraleichten Tragflächen von Insekten werden Zusammenhänge von Material, Struktur und Funktion untersucht.

**Liquid Cristals**

stellen eine Molekülstruktur dar, die zwischen der eines festen Kristalls (mit einem Maximum an Molekülordnung, das Ursache für die Härte und Transparenz ist) und der einer Flüssigkeit (unstrukturierte Molekülordnung) liegt. Liquid Cristals werden aus relativ großen organischen Molekülen mit verschiedensten Eigenschaften zusammengesetzt. Das besondere Merkmal der Liquid Cristals ist die Molekülorientierung, die durch ein elektrisches Feld erzeugt wird. Die Kristalle im aktivierten Feld arrangieren sich zu dichten Strukturen und werden sichtbar. Bei LCDs (Liquid Cristal Displays) liegen die Liquid Cristals zwischen zwei Glasscheiben und einem Raster, in dem unterschiedliche elektrische Felder aktiviert werden können. Der Bildschirm wird von der Rückseite beleuchtet. Die ersten LCDs waren Bestandteile von Digitaluhren. Die Entwicklung geht heute bis hin zu videotauglichen Auflösungen und Laptop-Monitoren.

**Elektrochromes Display (ECD)**

Zwischen zwei Glasscheiben befinden sich eine transparente, elektrisch leitfähige (TE) Schicht, eine elektrochrome (EC) Schicht, ein Lithiumionenleiter, eine Ionenspeicherschicht (IS) und wieder eine TE-Schicht. Durch Segmentierung der funktionellen Schichten TE und EC bzw. TE und IS in Streifen und senkrechte Montage der Streifen entsteht ein Raster von Feldern (Pixeln), die zeilen- und spaltenweise einzeln angesteuert werden können (Matrixansteuerung). So können unterschiedlichste Abbildungen oder Informationen zum Beispiel auf Architekturfassaden oder Werbetafeln erzeugt und verändert werden. ECDs haben gegenüber LCDs den Vorteil, daß sie einen geringeren Energieverbrauch haben, der aufgrund des sogenannten Memory-Effekts für langes Anzeigen derselben Information noch abnimmt (s. auch S. 105).

Gameboy mit Liquid Cristal Display (LCD),
1989

**Polyacrylamidgel**

ist ein Gel mit einer dichten molekularen Vernetzung. Japanische Forscher haben dieses Gel zu einem wenige Zentimeter langen Streifen geformt und in Wasser gelegt. Der Gelstreifen vergrößerte sich auf das 45fache seiner Originalgröße. Wird der Streifen an eine Elektrode mit Niedrigstrom gelegt, verkürzt er sich. Schaltet man den Strom ab, verlängert sich der Streifen wieder. Diese „künstliche Muskelkontraktion" erzeugt homogen ablaufende Bewegungen, die denen von tierischen Muskeln ähneln.

**Elektroviskose Flüssigkeiten**

sind Flüssigkeiten, die augenblicklich von einem flüssigen in einen quasi festen Zustand übergehen, sobald sie elektrischer Spannung ausgesetzt werden. Elektroviskose Flüssigkeiten können so flüssig wie Wasser und so fest wie Gummi sein. Der Vorgang der Verfestigung ist unter Änderung der Stromspannung reversibel. In der Forschung wird derzeit untersucht, unter welchen Umständen sich die Suspensionen in den unterschiedlichen Viskositätszuständen in ihrer molekularen Zusammensetzung ordnen und welche Strukturen sie aufbauen. Gelingt es, die räumlichen Anordnungen zu perfektionieren, entstehen kontrollierbare und festere Strukturen. Würden diese Flüssigkeiten zum Beispiel in hydraulischen Systemen eingesetzt, ließen sich mechanische Steuerungen umsetzen, die vermutlich so reaktionsschnell und fließend sein könnten wie menschliche Bewegungen.

**Piezoelektrische Materialien**

besitzen die Fähigkeit, mechanische Impulse in elektrische Impulse und umgekehrt zu transformieren. Sie sind somit Sensoren und Reaktoren. Keramiken mit piezoelektrischen Eigenschaften werden als Bauteile in der Elektronik eingesetzt. Die Fähigkeit der piezoelektrischen Materialien, Impulse zu transformieren, veranlaßt Forscher, nach unterschiedlichsten Anwendungsgebieten zu suchen. In der Adaptronik beschäftigt man sich mit intelligenten Systemen, die sich an wandelnde Bedingungen in ihrer Umgebung anpassen. Ein Beispiel dafür ist die Aerodynamik von Flugzeugen. Je nach Geschwindigkeit vibrieren die Tragflächen unterschiedlich stark. Somit wäre es in der jeweiligen Flugphase für die Stabilität der Tragflächen günstiger, in einem anderen Neigungswinkel zum Flugzeugrumpf zu stehen, sich zu straffen oder das Volumen zu verändern. Mittels piezoelektrischer Materialien wäre es möglich, die Luftströme kontinuierlich zu messen, die Daten auszuwerten und dann die Position und Steifheit der Tragflächen entsprechend zu optimieren. Um dies zu realisieren, werden derzeit Polymerfilme entwickelt, in denen sich piezoelektrische Fasern befinden. Sie können in große Bauteile einlaminiert werden. Brücken, die Materialfehler und Risse feststellen und melden bzw. reparieren, existieren bereits.

Elektrochromes Display (ECD) im Entwicklungsstadium (s. S. 102). Die Funktionsschichtsysteme werden über Sol-Gel-Techniken hergestellt.

**Biomimetische Materialien**

sind piezoelektrische Materialien, die als Sensoren, Reaktoren und Rezeptoren funktionieren. Der Aufbau der Materialien ähnelt je nach Aufgabe den entsprechenden Sensoren im Tier- und Pflanzenreich. Es gibt zum Beispiel künstliche Ohren, bei denen haarähnliche Fasern durch akustische Wellen bewegt werden. Sie leiten Signale nicht in Nervenfasern, sondern in flüssige Medien weiter und lösen eine Reaktion aus.

**Nanokomposite**

bestehen aus nanoskaligen Partikeln, die in unterschiedlichen Matrizes zum Beispiel in Polymere, Glas und Keramik eingebettet werden können. Nanoskalig bezeichnet Größen im Bereich von 1 Millionstel Millimeter. In mehreren Prozeßschritten werden Nanopartikel hergestellt und liegen dann als Suspension oder redispergierbare Pulver vor. Diese Nanopartikel können zusätzlich mit Funktionsschichten umgeben werden. Die Kombinationsvielfalt von Nanopartikeln mit Funktionsschichten bzw. verschiedener funktionalisierter Nanopartikel, die jeweils eine spezifische Eigenschaft besitzen, zu einem neuen Komposit, ist sehr groß. Aufgrund der chemischen Zusammensetzung können Nanokomposite theoretisch mit fast jeder denkbaren chemischen, physikalischen, elektrischen oder optischen Eigenschaft ausgestattet werden. Die Entwicklung von ultradünnen Funktionsschichten ist einer der Forschungsbereiche, dem heute besondere Aufmerksamkeit gewidmet wird. Die Nanotechnologie zählt zu den Schlüsseltechnologien des 21. Jahrhunderts.

**Easy-to-clean-Beschichtung**

ist eine transparente Antiadhäsivschicht mit glatter oder mikrorauher Oberfläche. Die Schicht mit glatter Oberfläche wird zur Beschichtung von optischen Gläsern verwendet. Die Randwinkel betragen 120° bei Wasser und 60° bei Öl. Vereinfacht gesagt: die Oberfläche veranlaßt Flüssigkeiten, sich wie Quecksilber zusammenzuziehen und von ihr abzuperlen. Auf der mikrostrukturierten Oberfläche erhöht sich der Kontaktwinkel von Wasser auf 160° (superhydrophob). Weitere Eigenschaften der Beschichtung sind eine hohe UV-Beständigkeit, hohe Kratz- und Abriebfestigkeit. Sie wird im Sprühverfahren auf Glas-, Metall-, Stein-, Polymeroberflächen u.ä. aufgebracht. Anwendungsgebiete für diese Schichten sind: Architekturfassaden, die sich bei Regen selbst reinigen, Kacheln und Badezimmerbauteile. Textilien aus natürlichen Fasern können mit einer schmutz- und regenabweisenden Beschichtung versehen werden, die haptisch fast nicht zu bemerken ist.

Biologische Systeme werden Vorbild für (zukünftige) Materialentwicklungen (vgl. S. 102, S. 106).

**Photochrome Gläser**

verlieren unter Sonneneinstrahlung oder einer stärkeren Lichtquelle ihre Transmission und verändern je nach Intensität der einfallenden Strahlung ihre Farbe bis hin zu Dunkelgrau. Bei der Herstellung des photochromen Glases entstehen Silberhalogenid-Kristallite. Diese sind etwa zehn Nanometer groß und damit zu klein, um sichtbares Licht (Wellenlänge von 400 bis 700 nm) zu streuen. Bei „normalem" Licht ist das Glas somit transparent. Trifft intensiveres Licht mit kürzeren Wellenlängen auf das Glas, wandern Ionen. Es entstehen Silberatome, die sich zu größeren Strukturen zusammenfinden. Diese absorbieren Licht, und das Glas wird grau. Wird das Licht schwächer, wandern die Ionen zurück, das Glas wird wieder transparent. Die Lichtempfindlichkeit von photochromen Gläsern kann durch die chemische Zusammensetzung bestimmt werden.

**Photo- und elektrolumineszente Materialien**

sind organische Farbstoffe, die unter UV-Anregung oder in einem elektrischen Feld eine intensive Farbe annehmen. Eine Weiterentwicklung der mikroskaligen Farbstoffe stellen heute die nanoskaligen Materialien dar. Sie zeichnen sich durch eine absolute Transparenz und somit Unsichtbarkeit aus.
Die Wellenlänge der gewünschten Farbe kann präzise eingestellt werden. Die Materialien werden zum Beispiel zur Identifizierung von geheimen Dokumenten verwendet. Weitere Anwendungen können sein: photolumineszente Displays, lumineszente Textilien und Beschichtungen von herkömmlichen Produkten.

**Photochrome Beschichtungen**

sind flüssige, transparente Werkstoffe, die auf der Basis von organischen photochromen Farbstoffen hergestellt werden. Sie verdunkeln sich bei zunehmender Lichtstärke. Die Transmission der photochromen Beschichtung variiert von 90% bis 10%. Eine Verdunklung in dieser Größenordnung erfolgt in wenigen Sekunden. Die Kinetik der photochromen Schicht ist für verschiedene Anwendungen durch Variation der Matrix stufenlos einstellbar. Photochrome Schichten können in beliebigen Farben hergestellt werden, sie sind kratzfest und können hauchdünn auf transparente Werkstoffe gesprüht oder gedruckt werden. Diese Beschichtungen sind deshalb so außergewöhnlich, weil die funktionalen Eigenschaften denen der Liquid Cristals oder photochromen Gläser ähneln, sie aber einen bedeutend geringeren Material- und Kostenaufwand erfordern.

Metalloberfläche mit Easy-to-clean-Beschichtung (s. S. 106). Wasser bleibt nur dort haften, wo keine Beschichtung ist.

**Transparente Hartschichten**

besitzen die Abriebfestigkeit, Chemikalien- und Witterungsbeständigkeit von Glas. Metalloxidpartikel verleihen dem Nanowerkstoff diese Festigkeit. Aufgrund der minimalen Dicke sind die Schichten elastisch und können auf jeden, sogar einen flexiblen Werkstoff im Sprüh- oder Tauchverfahren aufgetragen werden. Transparente Hartschichten können je nach Anforderungsprofil um folgende Eigenschaften erweitert werden: UV-Schutz, Antistatik, Easy-to-clean und Infrarotabsorption. Man spricht dann von funktionalisierten Beschichtungen. Die Aushärtung erfolgt über Wärme oder UV-Licht. Aktuelle (ökologische) Bestrebungen gehen dahin, die Aushärtung bei Raumtemperatur stattfinden zu lassen und wasser- statt lösungsmittelbasierte Materialien zu entwickeln. Gelingt dies, können auch wärmeempfindliche Werkstoffe beschichtet werden. Durch die Benetzung mit Hartschichtsystemen werden Materialien mit einer schlechten Oberflächenqualität kratzfest und alterungsbeständig.

**Kolloidgefärbte Beschichtungen**

sind dünne glasartige Schichten zur nachträglichen Färbung von Metall-, Keramik- und transparenten Glasoberflächen (Abb. S. 111). Je nach Anforderung an das Bauteil kann die Oberfläche zusätzlich für UV- und Infrarotstrahlung undurchlässig und antireflektiv sein. Die Nanokompositschicht wird mit allgemein üblichen Beschichtungsverfahren aufgetragen und dann eingebrannt. So können Gläser unterschiedlichster Geometrien preiswert und ökologisch mit farblich sehr intensiven, transparenten und abriebfesten Schichten versehen werden. Derzeitige Bemühungen bestehen darin, ein industrielles Verfahren zu entwickeln, in dem große Flachglasscheiben mit dieser Beschichtung versehen werden können.

**Multischichtsysteme**

sind Oberflächen aus mehreren Schichten oder Filme, die aufgrund ihrer Zusammensetzung eine spezifische Funktion erhalten. Diese kann für unterschiedlichste Anwendungen konzipiert sein. Die speziellen Eigenschaften werden durch die jeweiligen Sensoren und Reaktoren bestimmt. Die Folientastatur ist ein bekanntes Beispiel für ein Multischichtsystem, ein weniger bekanntes ist die transparente Lebensmittelverpackung, die das Verfallsdatum oder die Keimbildung ihres Inhalts mit einer Farbveränderung signalisieren kann.

Halogenleuchtmittel aus Glas mit kolloid-
gefärbter Beschichtung.

**Feuerschutzschichten** bestehen aus wasserhaltigen, transparenten Gelen auf der Basis hochschmelzender Keramiken. Befindet sich dieses Nanokomposit zum Beispiel zwischen Isolierglasscheiben, wird im Brandfall die dem Feuer zugewandte Scheibe durch den hochschmelzenden Schaum zerstört. Dieser bildet eine isolierende, feuerhemmende Schicht. Der kühlende Gelschaum verhindert ein Springen der anderen Glasscheibe, so daß kein Sauerstoff an die Brandstelle gelangt (Abb. S. 117). Im Vergleich zu anderen Feuerschutzvorrichtungen ist dies ein System mit minimalem Materialaufwand. Feuerschutzschichten können durch Sprühen und Tauchen auch auf Türen, Textilien u.ä. aufgetragen werden.

**Korrosionsschutzschicht** ist eine Nanokompositschicht, die Metalle vor Korrosion schützt. Diese Schichten werden auf das jeweilige Metall und dessen Korrosionschemie abgestimmt. Sie sind höchst kratz- und abriebfest und transparent und werden aufgrund ihrer nanoskaligen Dicke nicht als Schicht wahrgenommen. Die Korrosionsschicht wird durch Tauchen, Sprühen oder Fluten aufgetragen und anschließend thermisch oder photochemisch ausgehärtet. Soll die Korrosionsschicht auch bei Temperaturen bis 600 °C vor mechanischen Belastungen schützen, wird sie nach dem Aufbringen getempert. Es entsteht eine hermetische Versiegelung der Metalloberfläche, die zudem über eine bessere Abriebfestigkeit als hartverchromter Edelstahl verfügt. Die Entsorgung und Herstellung der glasartigen Beschichtungen ist ökologisch unbedenklich, wohingegen bei Verchromungen hochgiftige Substanzen anfallen.

**Superparamagnetische Flüssigkeiten** sind Suspensionen im Nanopartikelbereich. Sie besitzen superparamagnetische Eigenschaften und finden Anwendung bei der Herstellung magnetischer Schalter und Dichtungen und magnetoptischer Schalter. Superparamagnetische Flüssigkeiten könnten zum Beispiel Bestandteil von magnetischem Glas oder Kunststoff sein. In einem Pilotprojekt werden derzeit superparamagnetische Flüssigkeiten in der Krebstherapie eingesetzt. Die hier verwendeten Nanopartikel besitzen eine biochemische Funktionsschicht. Die Flüssigkeit wird in den Tumor injiziert und von den Krebszellen wegen der „leckeren" Funktionsschicht assimiliert. Wenn nun ein magnetisches Feld angelegt wird, beginnen die Magnete zu schwingen, werden heiß und töten die Krebszellen ab.

Superparamagnetische Flüssigkeit,
von einem Magneten gehalten.

**Anti-Fog**

ist die Bezeichnung für eine transparente Schicht, die hydrophile Komponenten enthält. Diese spalten Tröpfchen, die sich als kondensierter Wasserdampf auf die Oberfläche legen. Es bildet sich ein dünner, geschlossener Wasserfilm auf der Oberfläche, der im Gegensatz zur gewöhnlichen Tröpfchenschicht transparent ist. Badezimmerspiegel, Brillengläser, Autoscheiben und Architekturverglasungen etc. müssen somit nicht mehr beschlagen.

**Werkstoffe für optische Schalter**

lösen auf optische Signale hin einen Schaltvorgang aus. Sie bestehen aus Glassubstraten, die mit metallkolloidhaltigem Sol beschichtet werden und damit die Eigenschaft besitzen, auf Lichtwellen zu reagieren. Dies geschieht, indem ein starker Laser auf die Metallpartikel trifft und diese kurzzeitig undurchsichtig macht. Durch die Wahl des Edelmetalls kann die Absorptionswellenlänge festgelegt werden. Künftige Anwendungen für optische Schalter werden in der integrierten Optik und in Einsatzbereichen mit ultrakurzen Laserimpulsen zu finden sein.

**Aerogele**

wiegen kaum mehr als Luft, besitzen jedoch die Festigkeit von dünnem Leder oder Kirschbaumholz. Es existiert wohl kein anderes Material, das über eine vergleichbare Festigkeit bei so geringer Dichte verfügt. Aerogele werden aus Siliziumdioxid, Kohlenstoff oder Formaldehyd über mehrere chemische Prozesse hergestellt. In diesen bilden zum Beispiel die Siliziumatome ein dreidimensionales Netz, das man als bauschigen „festen Nebel" beschreiben kann. Eine Gelstruktur wird getrocknet, ohne daß sie dabei schrumpft. Eine solche Struktur trägt mehr als das Tausendfache ihres eigenen Gewichts. Aerogele sind relativ transparent und können sowohl phantastische Isolierwerkstoffe als auch elektrisch leitend sein. In Aerogelen ist die Schallgeschwindigkeit kleiner als in Luft. Aufgrund der großen Anzahl der inneren Bindungen und Flächen dienen sie in chemischen Prozessen als Trägermittel für Katalysatoren. Aerogele werden zur Zeit unter anderem als molekularer Füllstoff für Leichtmetalle getestet. Aus diesem Material sind aber auch größere und flexible Volumen denkbar, die sich durch extreme Leichtigkeit auszeichnen würden.

Aerogel

**Geruchskatalysatoren** sind katalytische Beschichtungen, die über Oxidation Gerüche eliminieren. Die Nanobeschichtung kann maßgeschneidert auf die gewünschte katalytische Aktivität und auf die zu filternden Stoffe eingestellt werden. In eine Abluftvorrichtung integriert, bauen Geruchskatalysatoren sowohl gasförmige als auch flüssige Stoffe hervorragend ab. Die hochporöse, mechanisch beanspruchbare Schicht wird im Tauch- bzw. Spritzverfahren auf keramische oder metallische Trägermaterialien aufgebracht und thermisch ausgehärtet. Geruchskatalysatoren können überall dort eingesetzt werden, wo Gerüche unerwünscht sind und nicht nur abgesaugt, sondern auch vernichtet werden sollen: in Kläranlagen, Küchen, in industriellen Produktionsanlagen.

**Lumineszente Polymere** können unter Zufuhr von elektrischem Strom Licht emittieren. Sie bestehen aus drei Schichten, wovon die erste als Anode fungiert. Auf ihr befindet sich ein dünner Film des elektrolumineszierenden Polymers. Die letzte Schicht ist die Kathode. Wird an die Elektroden geringe Spannung angelegt, beginnt das aktive Polymer zu leuchten. Die Farbe des Lichts ist in der Struktur des Polymers festgelegt. Die dünnen lumineszierenden Komposite sind transparent, thermisch und mechanisch sehr beständig und in ihren Eigenschaften modifizierbar. Die Entwicklung leitfähiger elektrischer Polymere war Voraussetzung für den Bau von Displays. Diese sind sehr platzsparend und zeichnen sich durch eine sehr gute Darstellungsqualität aus. Noch ist die Lichtausbeute für große Displays zu gering, aber die Entwicklungen verlaufen rasant. Es bleibt abzuwarten, wie schnell diese Werkstoffe Basis für ganz neue Generationen von Displays werden: Flachbildschirme, die zusammengerollt werden, transparente Anzeigen, die auf Windschutzscheiben, Schutzhelmvisieren oder Sonnenbrillen erscheinen.

**Mikrobakterielle Uhren** sind Zeitkatalysatoren auf mikrobakterieller oder chemischer Basis. Sie können Biokunststoffen zugefügt werden und beschleunigen unter bestimmten äußeren Bedingungen die Zersetzung des Materials. Die Erforschung der Parameter, nach denen die Zeitkatalysatoren zu reagieren beginnen, ist ein sehr aktuelles Thema. Bei OP-Tüchern, die aus einem mit Biokunststoff gebundenen Naturgewebe bestehen, soll der Abbau mit dem Öffnen der Vakuumverpackung beginnen.

Dünne, transparente Glasscheibe. Die Feuerschutzschicht (s. S. 112) entwickelt bei Feuer rasch einen harten, so sehr dämmenden Schaum, daß auf der Rückseite keine Hitze entsteht.

**Keimtötende Beschichtungen** enthalten Nanopartikel aus Silber. Sie sind so dimensioniert, daß sie ständig eine geringe Zahl von Silberionen an der Oberfläche konzentrieren, die an der Oberfläche haftende Mikroorganismen abtöten. Auf den menschlichen Körper haben die Silberionen keinerlei Auswirkungen. Die keimtötende Beschichtung kann überall dort verwendet werden, wo Mikroorganismen sich verstärkt entwickeln und zu Entzündungen führen bzw. wo absolute Keimfreiheit gewährleistet sein muß. Als erstes Produkt wurde nun ein Hörgerät mit einer keimtötenden Schicht versehen, die das Wachstum von Mikroorganismen und somit Entzündungen im Gehörgang verhindert.

**Anorganisch gebundene Naturstoffkomposite** bestehen überwiegend aus schnell nachwachsenden Pflanzenfasern wie Stroh, Elefantengras, Bambus, Jute und Hanf. Sie werden mit einem anorganischen, nanoskaligen Bindemittel gebunden, welches nichttoxisch, schwerentflammbar und wasserabweisend ist. Mit diesem Bindemittel werden nun ungerichtete Pflanzenfasern miteinander zu Plattenwerkstoffen oder aber zu Formteilen verpreßt. Da Pflanzenfasern, besonders Halme, sich durch sehr gute statische Eigenschaften in der Längsrichtung auszeichnen, werden derzeit Plattenwerkstoffe mit gerichteten Strohhalmen entwickelt. Bei diesen befindet sich zwischen zwei dünnen Deckschichten eine Mittelschicht aus orthogonal zur Plattenfläche stehenden kurzen Strohhalmen. Die Strohplatten besitzen eine extrem hohe Druck- und Biegefestigkeit und stellen eine ökologische Alternative zu Honeycomb-Sandwichplatten dar (s. S. 84). Verwendung sollen sie in der Luftfahrt, in der Architektur und in Bereichen des Leichtbaus finden.

**Überkritisches Wasser** ist die Bezeichnung für Wasser, das bei 374 °C und 21 bar in den sogenannten überkritischen Zustand versetzt wird. Im überkritischen Zustand wird der Wasserdampf zu einem aggressiven Lösungsmittel, das Öle, Farben und sogar hochgiftige Stoffe in Kohlendioxid und Wasser spaltet. Die getrennten Reststoffe bleiben als Chloride, Salze etc. übrig. Selbst bei Verbundwerkstoffen werden zum Beispiel Harze und Kunststoffe in Wasser und Kohlendioxid gespalten. In diesem Fall können übrigbleibende Keramikteile oder Glasfasern recycelt werden, und Verbundwerkstoffe fallen nicht mehr als Sondermüll an. Diese Technologie befindet sich noch im Pilotstadium und wird sich, solange das Deponieren oder Verbrennen von Altlasten derart preiswert ist, nicht durchsetzen. Dies ist eins der faszinierendsten Beispiele dafür, wie sich durch Prozeßmodifikationen die Eigenschaften eines Materials so stark verändern können, daß es gänzlich andere Funktionen erhält.

Anorganisch gebundenes Naturstoffkomposit aus Strohhalmen und Pflanzenfasern. Die orthogonal zu den Deckschichten ausgerichteten Halme verleihen dem Plattenwerkstoff höchste Festigkeit.

## High-Tech-Werkstoffe aus nachwachsenden Rohstoffen

Die Entwicklung dieser Werkstoffe wird in Zukunft vermutlich die bedeutendste Aufgabe der Werkstofforschung sein. Aus regenerativen Materialien sollen intelligente Komposite hergestellt werden, die in der Elektronik und anderen hochspezifischen Anwendungsbereichen ihren Einsatz finden.
Die Erforschung biologischer Prozesse und Phänomene und die daraus resultierenden Erkenntnisse werden Grundlage für eine ganz neue, intelligente Generation von Materialien sein. Utopien, die sich in den Köpfen der Forscher befinden und bereits jetzt Motor für ihre Arbeit sind, klingen zu absurd, zu phantastisch. So gibt es Algen, die unter veränderten Bedingungen ihre Farbe von Blau zu Grün wechseln (s. Abb. S. 121). Sie werden aufgrund dieser Eigenschaft als eventuelles Speichermedium für Daten betrachtet. Dieses digitale Speicher-medium wäre biologisch unbedenklich und könnte sich selbst reproduzieren. Eine Erhöhung der Rechnerkapazität würde vielleicht durch Verbesserung der Bedingungen für Zellteilung erfolgen. Ein weiteres Thema ist die Einbettung von adaptronischen und elektrischen Elementen in Verbundwerkstoffe. In einem Gehäuse aus Hanffasern könnten biologische Leiter, Schalter und andere elektrische Bauteile auf der Basis von regenerativen Materialien liegen. Sie würden die Gehäusevolumen erheblich verkleinern. Und wäre der Computer veraltet, könnte er vermutlich bis auf den Bildschirm kompostiert werden.

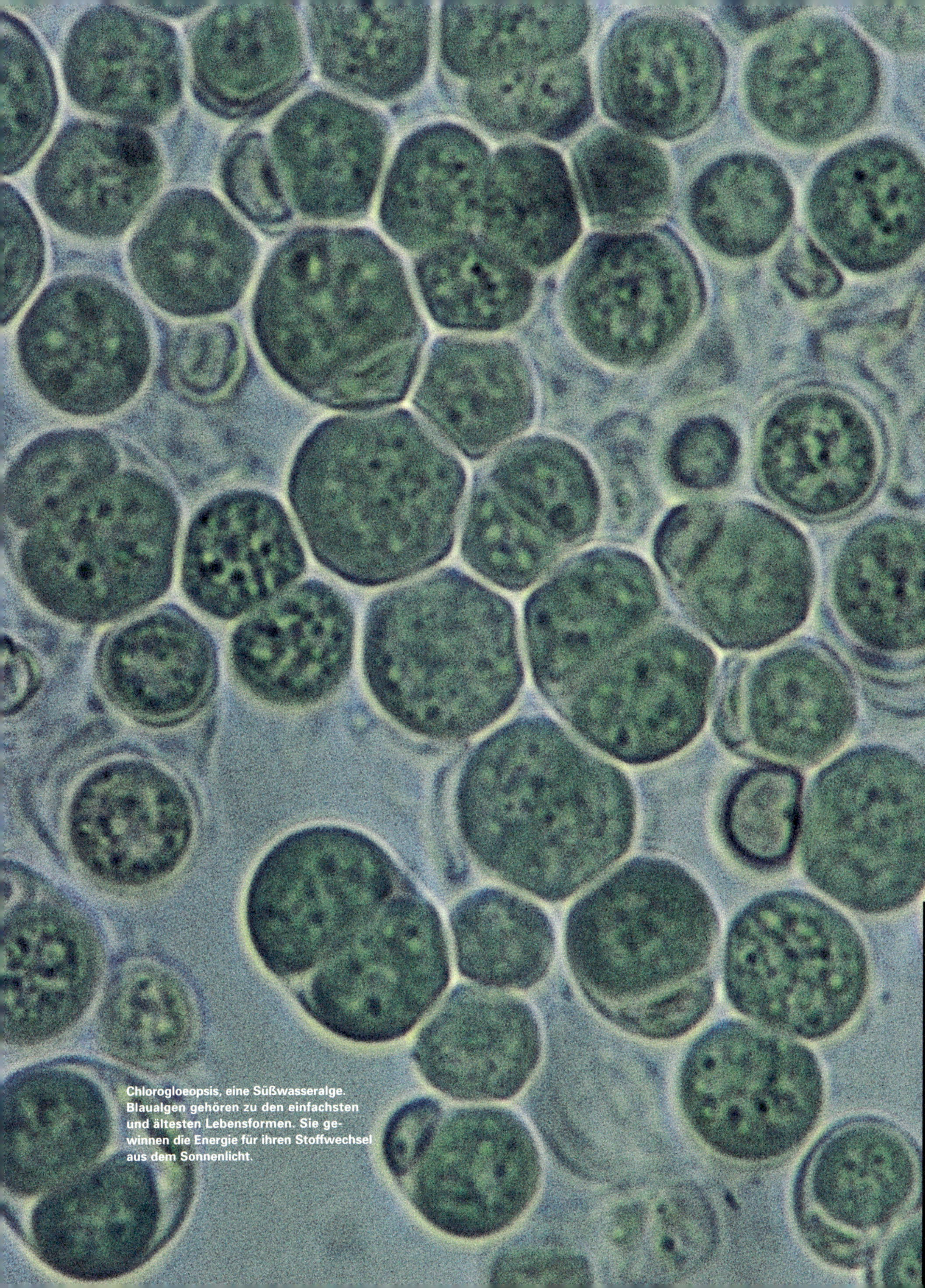

Chlorogloeopsis, eine Süßwasseralge. Blaualgen gehören zu den einfachsten und ältesten Lebensformen. Sie gewinnen die Energie für ihren Stoffwechsel aus dem Sonnenlicht.

# Technologie

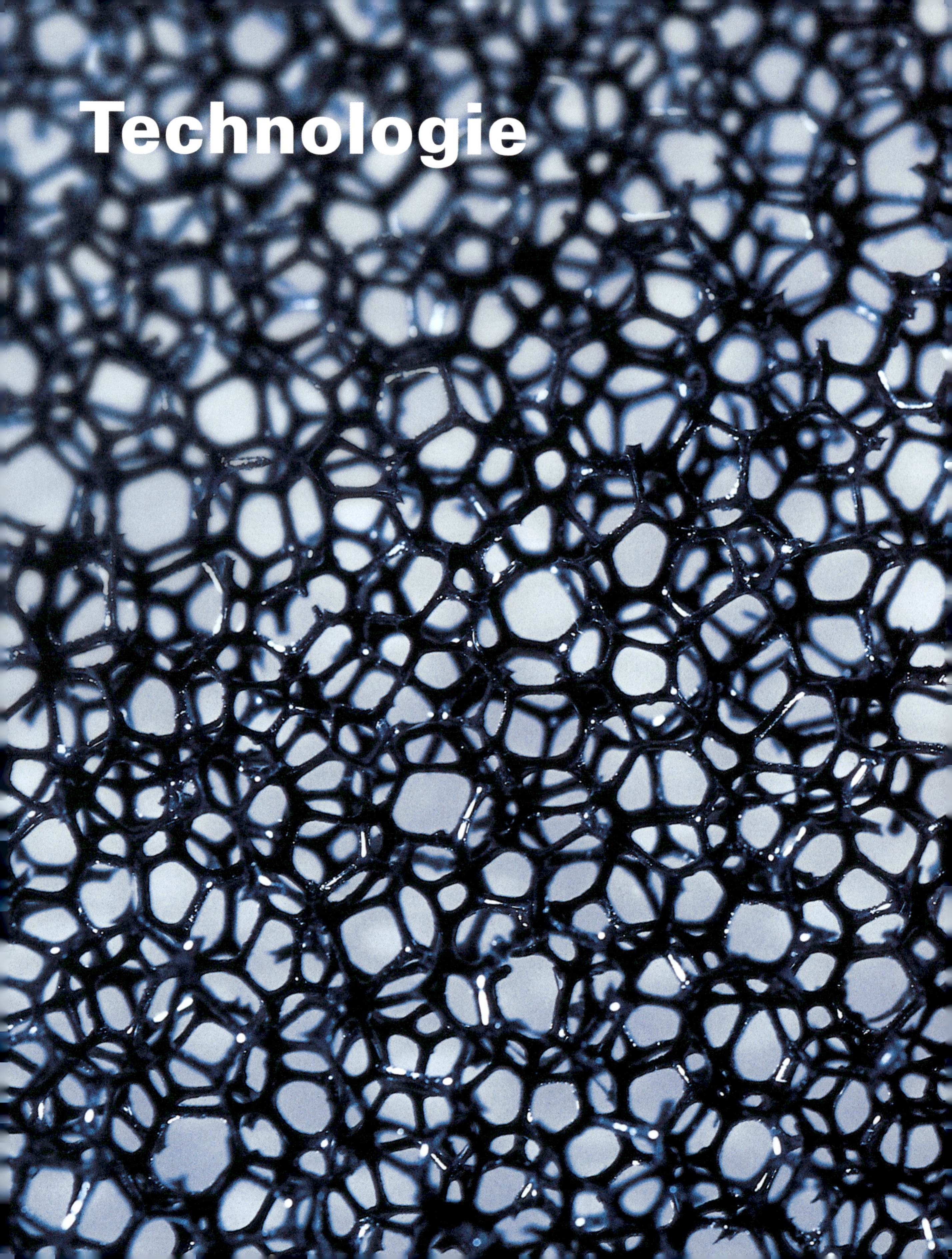

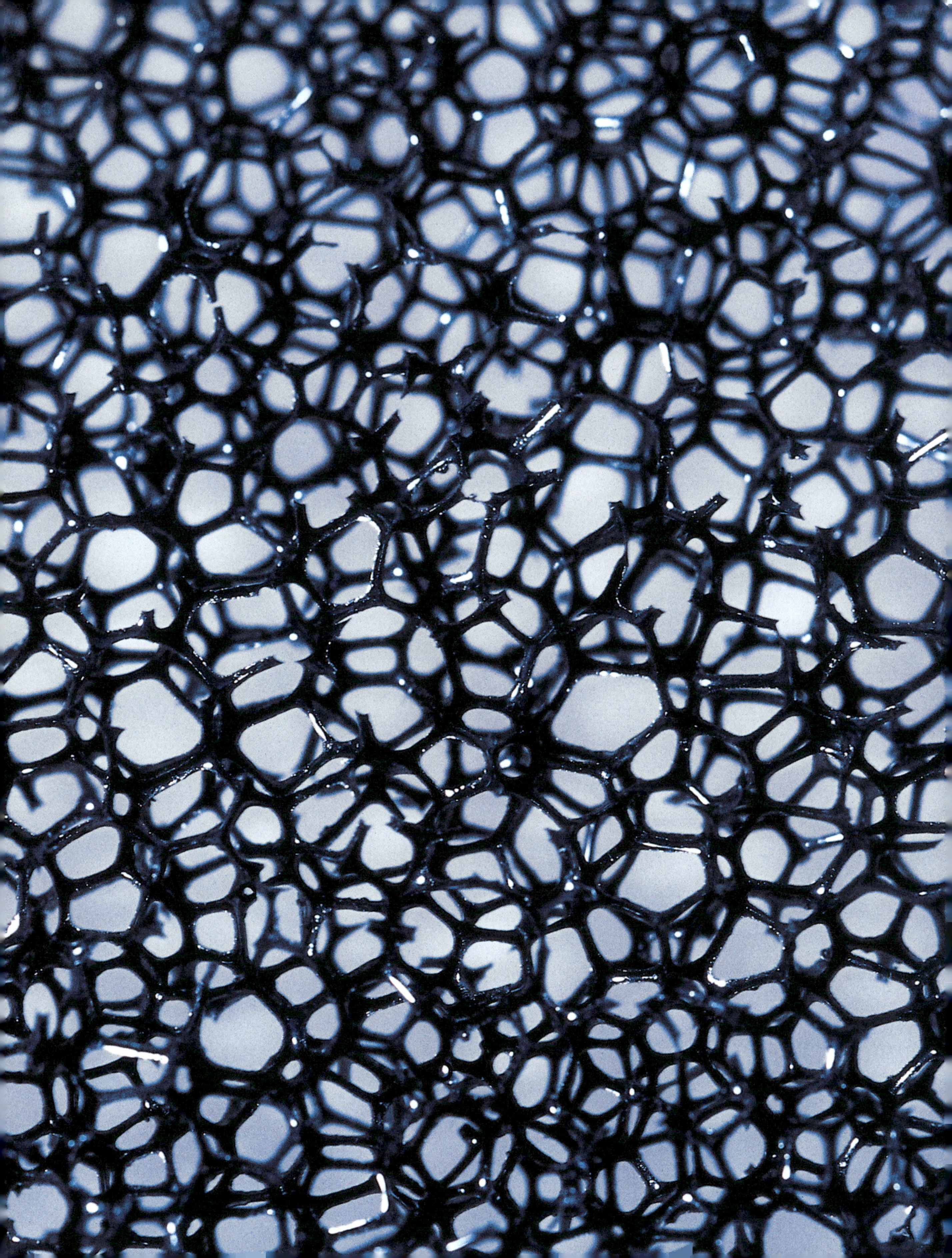

**Dampfbiegeverfahren**

Bei diesem Verfahren wird die Biegefestigkeit von Massivholz mittels Dampfdruck verringert. Das flexiblere Bauteil wird anschließend in eine Form gebogen und festigt sich dort durch die Trocknung. Das Verfahren wurde von Thonet entwickelt. Er fertigte ab ca. 1860 serienmäßig Kaffeehausstühle mit gebogenen Rückenlehnen im Dampfbiegeverfahren.

**Laminieren**

Das Verpressen verschiedener flacher, meistens mit Harz getränkter Materialien. Das bekannteste Produkt sind die Laminate. Diese werden aus mehreren Lagen Papier unter Zugabe von Harzen zu einem sehr festen kratz- und hitzebeständigen Werkstoff gepreßt, der sich durch sehr gute Oberflächeneigenschaften auszeichnet.

**Stabziehen**

Ein Rohteil oder ein Rohmaterial wird durch eine in Ziehrichtung verengte formgebende, düsenförmige Matrize gezogen. Auf diese Weise entstehen Voll- oder Hohlkörper wie zum Beispiel Drähte, Stäbe und Rohre.

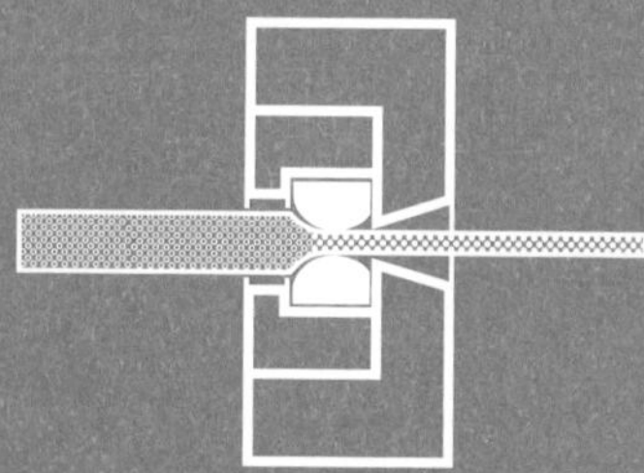

**Extrusion**

In diesem Endlosverfahren wird ein flüssiges bis zähflüssiges Material durch eine Form oder eine Art Profil gepreßt. Die Masse nimmt diese Form an und erkaltet. Auf diese Weise werden Profile, Rohre, Schläuche etc. aus den unterschiedlichsten, relativ schnell aushärtenden Materialien hergestellt. Aufgrund neu entwickelter Trocknungsverfahren wie der Mikrowellentrocknung könnten auch Materialmassen, die gewöhnlich nicht schnell aushärten, im Extrudierverfahren verarbeitet werden.

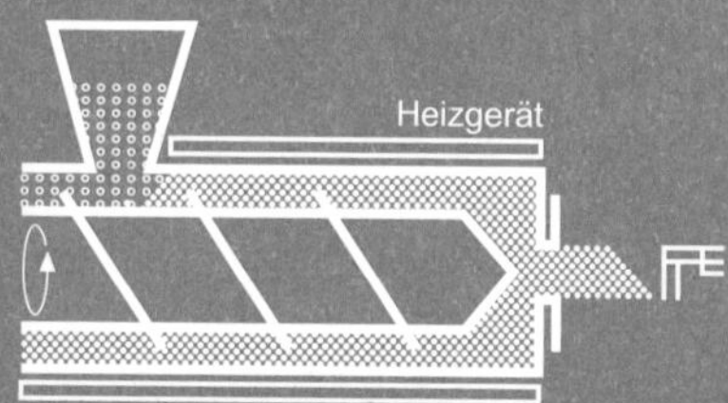

## Co-Extrusion

Zwei oder mehr Materialien werden gleichzeitig extrudiert und gehen somit eine feste bzw. formschlüssige Verbindung ein.

## Pultrusion

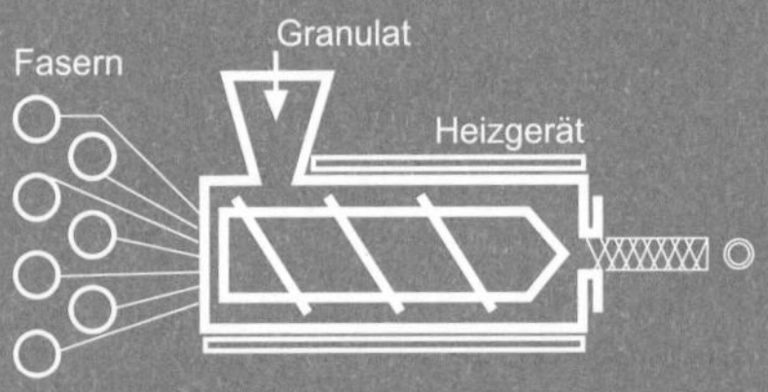


In einem Verfahren ähnlich der Extrusion wird ein Komposit mit gerichteten Fasern hergestellt. Auf diese Weise können zwei oder mehr Materialien gleichzeitig zu einem Produkt extrudiert werden. Gartenschläuche werden in diesem Verfahren hergestellt.

## Pulforming

Ein pultrusioniertes Produkt wird, solange das Polymer noch nicht ausgehärtet ist, in eine gebogene Geometrie verformt. Wurden in der Pultrusion thermoplastische Kunststoffe verwendet, können die Pultrusionshalbzeuge später noch verformt werden. Lenkräder für Autos bestehen aus einem Aluminiumkern und offenzelligem PUR (s. S. 72) mit verdichteter Außenhaut. Dieses Halbzeug wird nach der Pultrusion zu einem Kreis gebogen.

## Tiefziehen

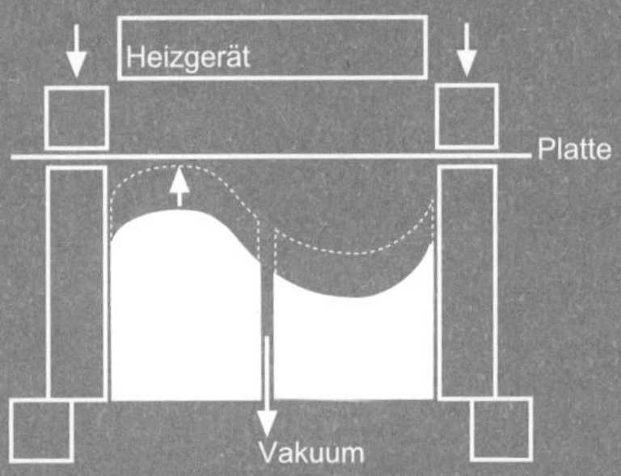


Bei diesem Verfahren wird mit Zug bzw. Druck ein Blech, eine Folie oder ein erwärmter Thermoplast zu einem dreidimensionalen Produkt umgeformt. Das Plattenmaterial, seine Eigenschaften und die Materialstärke richten sich nach der späteren Form, der Tiefe und der minimal benötigten Wandstärke des Bauteils. Das Tiefziehen ist ein wichtiges Verfahren zur Umformung von Plattenwerkstoffen in der Massenproduktion von Automobilkarosserien und Haushaltsgeräten. Dank der Modifikation des Eigenschaftspotentials eignen sich einige neue Materialien für das Tiefziehverfahren.

**Saugformen**

Ein zähflüssiges Material wird durch Sog in eine Form gepreßt und härtet dann aus. Zähflüssige Werkstoffe, besonders erwärmte Plattenwerkstoffe, können in diesem Verfahren schnell geformt werden. Aufgrund des komplexen Formenbaus wird das Saugformen nur bei der Produktion von großen Serien eingesetzt.

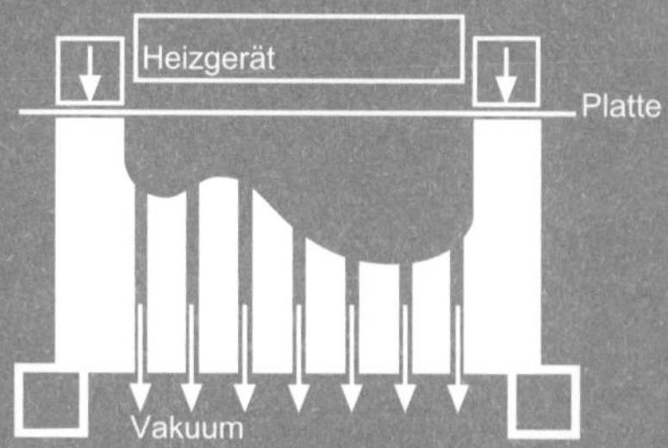


**Vakuumformen**

Mittels der Herstellung eines Vakuums wird ein Material in eine Form gesogen. Mit diesem Verfahren werden unter anderem GFK-Prepregs in die Endform gepreßt, ohne daß Blasen, Fehlstellen oder eine ungleichmäßige Harzverteilung auftreten.

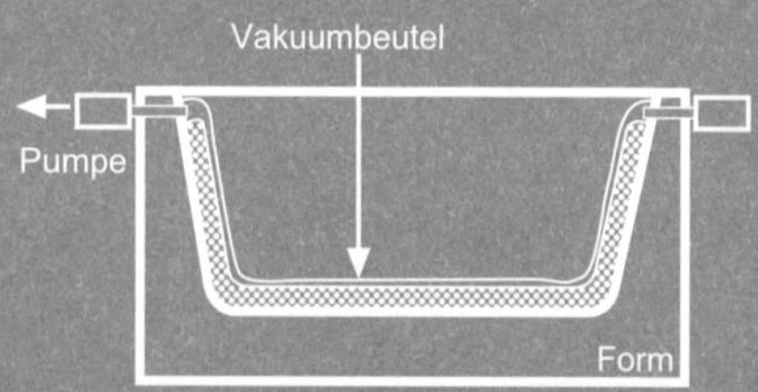


**Formguß**

Bei diesem Verfahren wird ein flüssiges bis zähflüssiges Material in eine Form gegossen. In dieser härtet es dann durch Trocknung oder Verfestigung aus. Die Formen können ein- oder mehrteilig und aus unterschiedlichen Materialien sein. Keramik, Silikon, Gips, Schaumstoffe, Bronze etc. sind Materialien, die auf diese Weise geformt werden.

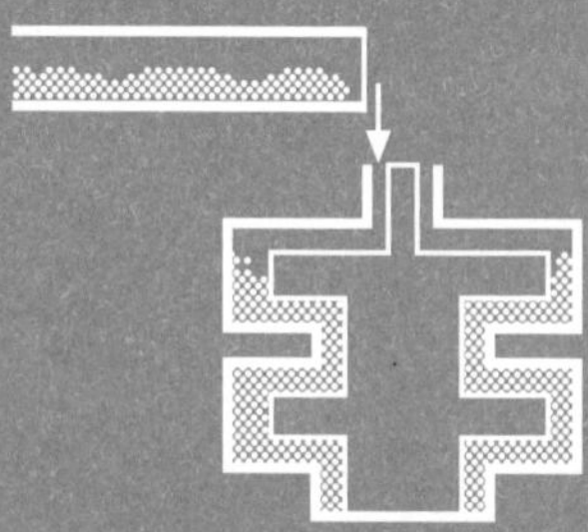

**Strangguß**

Beim Strangguß wird ein flüssiger Werkstoff von oben durch eine Matrize oder eine profilierte Form gegossen. Wenn das Material geformt ist, wird es nach Verlassen der Matrize durch Wasser oder Kaltluft gekühlt, damit es sich nicht mehr verformt. So können Endlosprofile oder Rohre hergestellt werden.

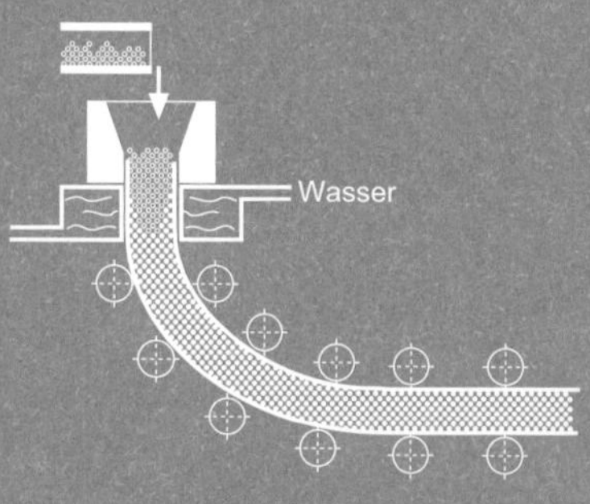

Mehrere Materialien werden in einem Gußvorgang formschlüssig miteinander vergossen. Zwei flüssige Materialien können miteinander vergossen werden, ohne daß sie sich durchmischen. Oder ein bereits hergestelltes Teil befindet sich in der Form, und ein flüssiges Material wird hinzugegossen. So können zum Beispiel Polymere und Niedrigtemperaturmetalle zu einem Werkstück verarbeitet werden.

**Verbundguß**

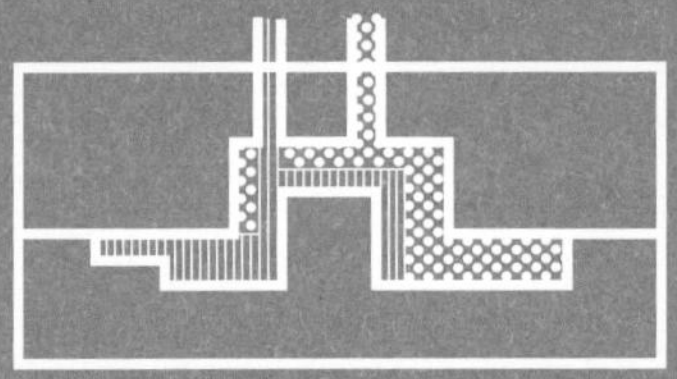

Zwei oder mehrere Materialien werden gleichzeitig in eine Form gespritzt und gehen miteinander eine feste Verbindung ein. Es entsteht ein formschlüssiges Bauteil, wenn beide Materialien ausgehärtet sind. Durch die Modifizierung der Schmelzpunkte einiger Materialien sind neue Kombinationen möglich. Der Einsatz von ökologischen Materialien könnte zu umweltfreundlichen Co-Spritzgußteilen führen, da die Trennung der Werkstoffe kein Problem darstellt.

**Co-Spritzguß**

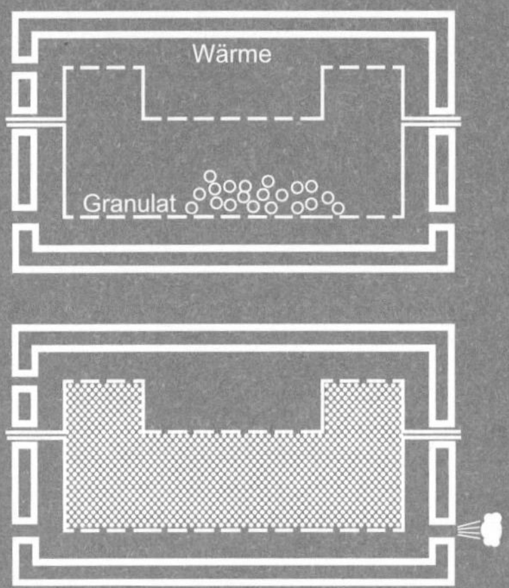


Aufschäumen

Bei diesem Verfahren wird ein Schaumstoff in eine Form geschäumt, die exakt der Kontur des fertigen Produktes entspricht. In dieser härtet er aus. Es können Schaumstoffe verschiedener Härtegrade gleichzeitig in eine Form gefüllt werden. So entstehen Produkte, die aus verschieden harten oder unterschiedlichen Schäumen zusammengesetzt sind. In den 70er Jahren wurde im Polstermöbelbereich viel mit diesem Verfahren experimentiert.

**Formschäumen**

Ein kompaktes Material, das bei dem fertigen Produkt die Oberfläche ausbilden soll, und ein Volumenmaterial wie zum Beispiel Schaumstoff werden gleichzeitig in dieselbe Form gefüllt. So entstehen in einem Arbeitsgang Produkte aus unterschiedlichen Materialien.

**Doppelte Injektionsformung**

**Rotationsformung**

Während der Rotationsformung wird eine Flüssigkeit in eine Form gegossen. Die Verteilung des Materials an den Außenseiten der Form geschieht durch Rotation um die eigene Achse. Die Rotationsformung ist ein einfaches und unkompliziertes Verfahren, bei dem aber keine gleichmäßigen Wandstärken erzielt werden können.

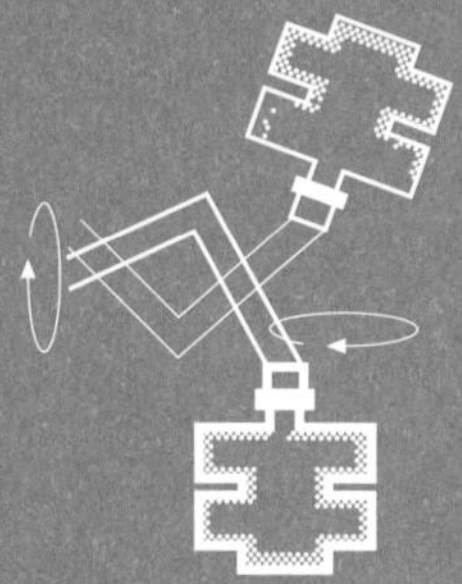

**Blasformen**

Bei diesem Verfahren wird ein flüssiges Material in eine Form gegeben und mittels Luftdruck in die Konturen der Form geblasen. Dünnwandige Kunststofflaschen werden auf diese Weise produziert. Das Blasformen wurde bisher zur Herstellung von Kunststoffprodukten eingesetzt. Neu entwickelte Materialkomposite wie zum Beispiel Polymerkeramik sind auch in diesem Verfahren zu formen.

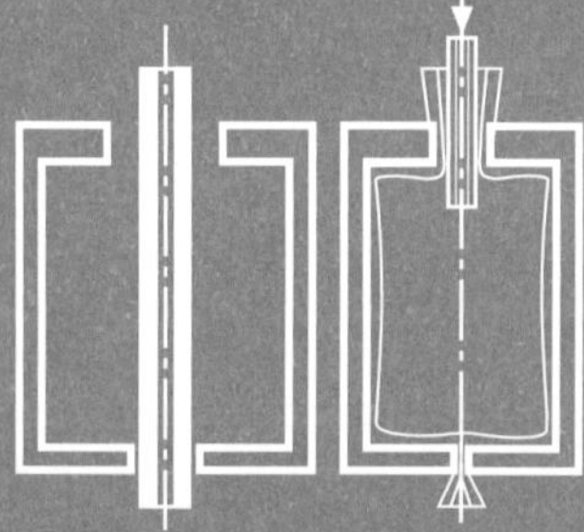


**Airmold-Technik**

Ein Werkstoff wird wie beim Spritzgußverfahren in eine Form gespritzt und dann mit starkem Luftdruck in die Wandungen der Form gedrückt. Mit dieser Technik können dünne Wandstärken und innenliegende Formen oder Einschlüsse hergestellt werden. Die Vorteile von Produkten, die in der Airmold-Technik hergestellt werden, sind Material- und Gewichtsersparnis, deshalb ersetzt sie in vielen Bereichen die Gußtechniken. Holzfasermassen werden in diesem Verfahren zum Beispiel zu Automobilbauteilen geformt.

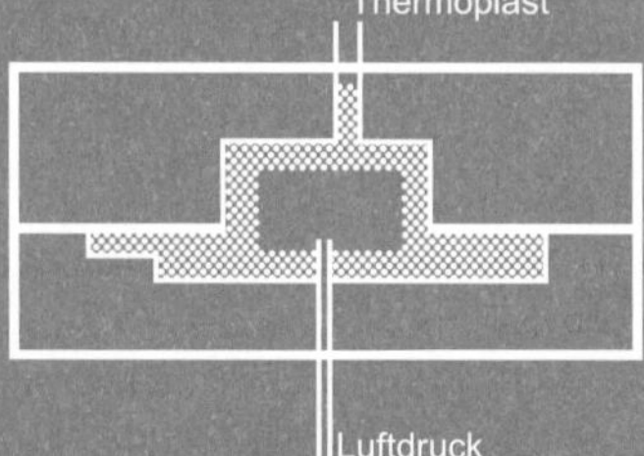


**Blasformen von Metallen**

Das Blasformen von Metallen ist ein Verfahren, bei dem die Verformbarkeit einiger Legierungen unter relativ niedrigen und jeweils spezifischen Temperaturen genutzt wird. Das Metall kann ähnlich wie in der Kunststoffverarbeitung geblasen werden. Eine Zinklegierung zum Beispiel kann bei 26 °C in verschiedensten Verfahren geblasen werden. Die so hergestellten

Produkte sind im Vergleich zu den entsprechenden aus Kunststoff wesentlich beständiger und preiswerter.

**Dünnstwandtechnik**

Dieses Verfahren stellt eine Weiterentwicklung des Spritzgußverfahrens dar. Im Dünnstwandverfahren können biegefeste und während des Spritzvorgangs hochviskose Polymere in sehr dünnwandige und teilweise mit Querstreben versehene Formen gespritzt werden. Bauteile, die so hergestellt werden, sind wesentlich leichter als vergleichbare aus dem herkömmlichen Spritzgußverfahren. Der geringe Materialaufwand ist ein weiterer Vorteil dieser Technik.

**Metallpulverspritzguß**

Beim Metallpulverspritzguß wird ein sehr feines Metallpulver durch Hinzufügen von thermoplastischen Kunststoffen und Wachsen fließfähig gemacht und in einem herkömmlichen Spritzgußverfahren verarbeitet. Anschließend wird der Kunststoffanteil entfernt und das Bauteil dichtgesintert. Es entstehen Produkte, die nur noch in geringem Maße nachbearbeitet werden müssen und über eine hohe Bauteilkomplexität mit Hinterschnitten, dünnen Wandstärken und Rippen verfügen können.

**Heißgießen von Keramikpulvern**

Dies ist ein Verfahren, bei dem geschmolzene Pulver in Formen gegossen werden. Es eignet sich für die Herstellung von kompliziert geformten Keramikbauteilen. Keramikbohrer werden zum Beispiel in diesem Verfahren hergestellt. Nach dem anschließenden Sintern besitzt das Produkt eine sehr harte Oberfläche, die nicht nachbearbeitet werden muß. Im Heißgießverfahren können Wandstärken von wenigen zehntel Millimetern hergestellt werden.

**Sintern**

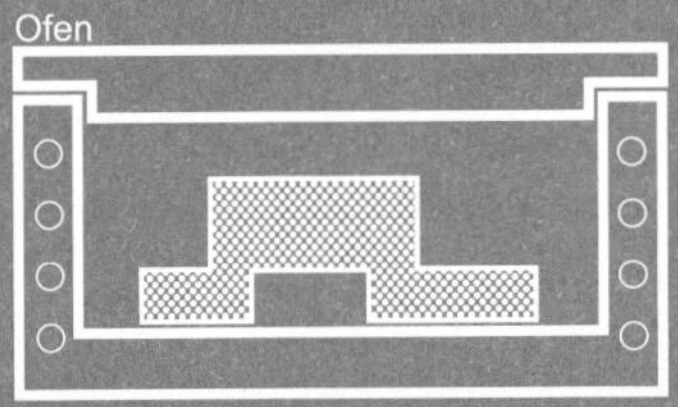


Pulverisierte Materialien werden bei hohen Temperaturen in eine Form gepreßt. Im glühenden Zustand entsteht durch Diffusion eine molekulare Verbindung. Mit dieser Technologie können komplexe und sehr dünnwandige Produkte wie zum Beispiel Zahnräder aus Glas-, Keramik- und Metallpulvern hergestellt werden. Sie erhalten in einem Verfahrensschritt ihre endgültige Form, ein zusätzliches spanabhebendes Verfahren wird überflüssig.

**Trockenpressen**

Keramikgranulat wird ohne Zugabe von Wasser oder Hitze mit so großem Druck gepreßt, daß es eine molekulare Verbindung eingeht. Der Energieaufwand zur Herstellung von trockengepreßten Keramikteilen ist im Vergleich zu den typischen Produktionsprozessen in der Keramik gering. Außerdem fällt kein zu klärender Schlamm an.

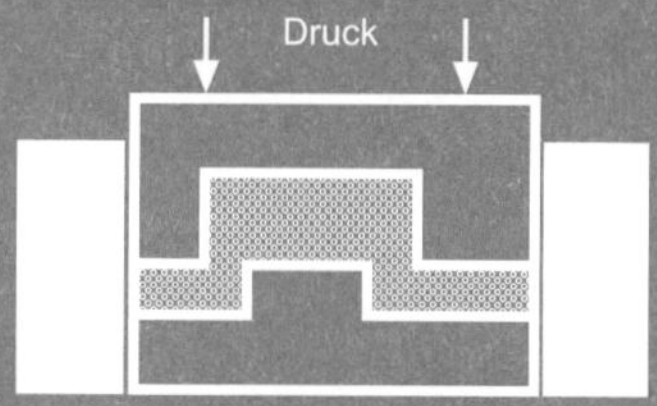


**Fluidized Bed**

In diesem Verfahren werden Objekte mit Kunststoff ummantelt. Dazu wird das Bauteil erhitzt und in eine Suspension mit Polymerpudern getaucht. Die Puder kommen mit der heißen Oberfläche in Kontakt, schmelzen und bilden einen Schutzfilm. Komplexe Formteile mit Hinterschnitten oder Innenformen können in diesem Verfahren rundum beschichtet werden.

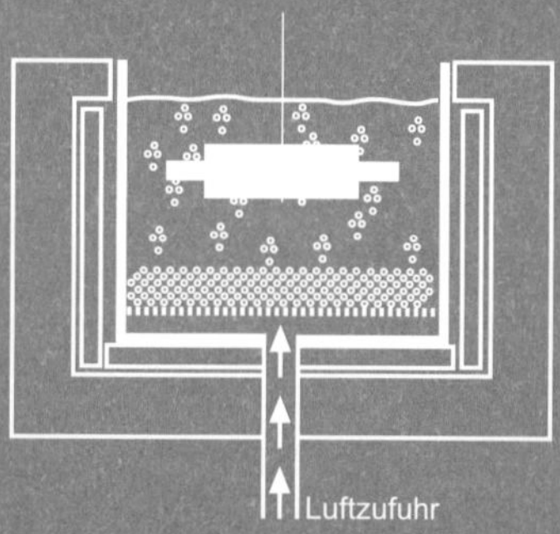


**Magnetverformung**

Ein Metall wird in einem starken Magnetfeld in Schwingung versetzt. Dabei lösen sich kurzzeitig die Matrizes innerhalb der Molekülverbindungen. Das Metall wird, ohne daß man es erhitzt, flüssig und paßt sich der unter dem Metall liegenden Form bis in kleinste Details an. Der Vorgang dauert ca. 3 Sekunden, ersetzt schwere Preßwerkzeuge und benötigt wenig Energie. Bereits geformte Keramikteile, aber auch Materialien mit geringer Temperaturbeständigkeit können so mit einer Metallschicht überzogen werden.

**Platinen-Hydroforming bzw. Innenhochdruck-Blechumformung (IHB)**

sind Bezeichnungen für Umformverfahren von Metallblechen unter Anwendung flüssiger Wirkmedien. Die Ausformung geschieht in einem Werkzeug bestehend aus Ober- und Unterwerkzeug, in dem jeweils die Geometrie (Form) des Bauteils eingearbeitet ist. Die Ausgangsplatinen (Bleche) werden im unverschweißten Zustand übereinanderliegend zwischen die beiden Werkzeughälften gelegt. Nach dem Schließen des Werkzeugs wird ein flüs-

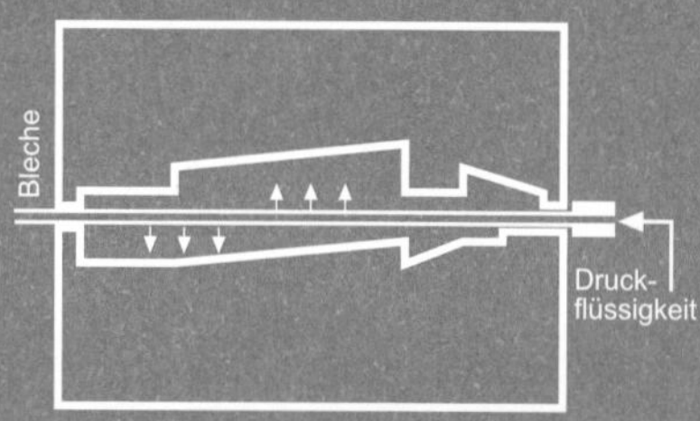

siges Wirkmedium (Wasser-Öl-Emulsion) mit hohem Druck zwischen die beiden Platinen gegeben. Durch den Druck verformen sich die Platinen. Anschließend wird der Druck abgebaut und beide Werkzeughälften auseinandergefahren, damit die ausgeformten Teile entnommen werden können. So können gleich zwei Teile mit unterschiedlichen Geometrien und Ziehtiefen in einem Werkzeug und Arbeitsgang hergestellt werden. Weitere Vorteile gegenüber dem konventionellen Tiefziehen sind eine gleichmäßigere Umformung, größere Ziehtiefen und die Realisierbarkeit von komplexen Geometrien. Tiefziehstähle, hochfeste Stähle, Edelstahl, Aluminium, aber auch Werkstoffsysteme wie Sandwich-Bleche und bereits lackierte Bleche können per IHB umgeformt werden.

**Plasmalackierung**

Aus einer Plasmakanone tritt mit hoher Geschwindigkeit eine Fackel oder Flamme aus, die das Pulver fast aller Metalle, Legierungen und Keramiken schmelzen kann. Die geschmolzenen Werkstoffe legen sich als Schicht auf und um ein Werkstück. Diese Schichten werden auf Bauteile aufgetragen, die hohen Temperaturen und hohem Verschleiß ausgesetzt sind. Auf diese Weise können zum Beispiel Leichtbauteile aus Aluminium mit Keramik oder einer Speziallegierung beschichtet werden und sind somit hochtemperaturbeständig. Weitere Vorteile sind die Energieeinsparung, Gewichts- und Materialreduzierung.

**Ionenimplantation**

Bei der Ionenimplantation werden in einem Vakuumprozeß positiv geladene Ionen erzeugt. Diese werden beschleunigt und in die Werkstoffoberfläche eingeschossen. Die Energie der Ionen ist dabei so groß, daß diese in den Oberflächenbereich eindringen, dort abgebremst und deponiert werden. Es entstehen sehr stabile Verbindungen, die eine hohe Oberflächenverdichtung eines metallischen Werkstücks und somit eine Verschleißverminderung bewirken.

**Filamentwinding**

Bei diesem Verfahren wird eine mit Kunststoff imprägnierte Langfaser um eine Form gewickelt. Sobald der Kunststoff hart ist, wird die Form entfernt. Die Formengröße ist relativ beliebig. Das Filamentwinding kann mit jeder kunstharz- oder naturharzgetränkten Faser durchgeführt werden. Formen, die im Filamentwinding entstehen, werden zu Verbundwerkstoffen weiterverarbeitet oder dienen als Skelett für CCSiC-Keramiken.

**Nähtechnische Herstellung von Preforms**

Aus Fasermatten werden computergesteuert Teile geschnitten und dann maschinell auf eine Stickvorlage genäht. Die Faserrichtung, die aus Stabilitätsgründen für das spätere Bauteil wichtig ist, kann mit diesem Verfahren exakt berücksichtigt werden Mit dieser Technik können sehr genaue und komplizierte 3D-Formen hergestellt werden. Sie zeichnen sich aufgrund der optimalen Faserrichtung durch ein sehr gutes Verhältnis von Wandstärke und Stabilität aus.

**Laserstrahlschweißen**

Mit dieser Technologie werden sehr kleine Bauteile, ohne Zusatzmaterial, präzise miteinander verbunden. Seit kurzem können auch Keramikteile zu komplexen Formen verschweißt werden. Dies bedeutet, daß Mikrobauteile für die Elektronik nun auch aus Keramik geschweißt werden können. Zur Veranschaulichung wurden bereits Würfel mit einer Größe von 5 x 5 x 5 mm aus 0,3 mm starken Keramikplatten hergestellt.

**Ultraschallschweißen Keramik + Metall**

Keramische und metallische Bauteile werden mittels Ultraschall fest miteinander verschweißt. Die Verbindung ist sehr belastbar. In einem Bauteil können verschiedene Komponenten aus Metall oder Keramik so eingesetzt werden, daß ihre Materialeigenschaften optimal genutzt werden. Im Motoren- und Maschinenbau stößt das Verfahren auf Interesse.

**Mikrowellenschweißen**

In diesem Verfahren werden die Enden von zum Beispiel Kunststoffrohren mittels Mikrowellen erhitzt. Dabei erhöht sich die Schwingungsenergie der Moleküle und der Kunststoff erwärmt sich. Der Erwärmungsprozeß vollzieht sich in wenigen Sekunden und erfordert wenig Energie. Der entscheidende Vorteil ist jedoch, daß der Kunststoff nicht wie bisher mit einer erwärmten Metallplatte in Berührung gerät (Kontaktschweißen) und diese Schmutz und Ruß am Werkstück hinterläßt, sondern eine sehr saubere Verschweißung möglich ist. So hergestellte Kunststoffteile können im medizinischen Bereich eingesetzt werden.

## Ultraschallschweißen Holz + Kunststoff

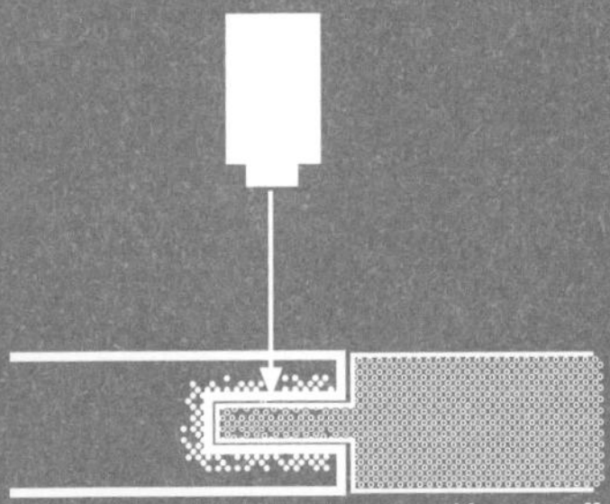


ist eine neue Technologie, mit der poröse Materialien wie Holz durch den Einsatz von Ultraschallenergie miteinander bzw. mit anderen Materialien verbunden werden können. Um dies zu erreichen, werden thermoplastische Polymere, zum Beispiel in Form von Dübeln oder Folien, als Verbindungselemente verwendet. Mittels der Ultraschallwellen verflüssigt sich das Polymer und dringt in die Zwischenräume der porösen Materialien, härtet aus und verbindet somit die Bauteile. Dieses Verfahren stellt eine Alternative zu traditionellen Verbindungs- oder Befestigungslösungen wie Nägeln oder Beschlagsystemen dar, zeichnet sich durch große Stabilität und Stärke aus und ist in der Regel stärker als eine Schraubverbindung mit einem vergleichbaren Durchmesser. Das Ultraschallschweißen kann bei der Montage von Möbeln in kleinen Auflagen eingesetzt werden, ist jedoch vor allem für hochautomatisierte Produktionsprozesse geeignet, wie etwa die Serienfertigung von Möbeln, Fensterrahmen oder Türen. Das Verfahren eröffnet ganz neue Möglichkeiten für die Gestaltung von Produkten, da die Verbindungselemente im Gegensatz zu Nägeln und Schrauben praktisch jede Form annehmen können. Zwei Beispiele zur Veranschaulichung: eine Kunststoffplatte kann an der Kante flächenbündig und unsichtbar mit einer Holzplatte verbunden werden, die Sitzschale eines Stuhls kann unsichtbar mit dem Gestell aus Holz verbunden werden.

## Mikrowellentrocknung

Die Mikrowellentrocknung ist eine neu entwickelte Technologie zur Trocknung von geformten und noch feuchten Materialien. Die Trocknungszeiten sind hier viel kürzer als bei den üblichen Trocknungsstraßen. Zudem sind Mikrowellentrockner bedeutend kleiner. Bisher wurde dieses Verfahren nur in der Produktion von Plattenwerkstoffen aus Holz eingesetzt. Theoretisch könnte es aber auch zur Trocknung anderer feuchter Faserwerkstoffe verwendet werden.

## Laserprint

Per CAD-gesteuertem Laser wird eine Graphik in ein hartes Material gelasert. Mit diesem Verfahren können Texte und Zeichnungen zum Beispiel in Keramik „gedruckt" werden. Die Qualität der Linie ist, auch in sehr kleinen Punktbereichen, ausgezeichnet.

## Rapid Prototyping

Unter Rapid Prototyping versteht man die schnelle Fertigung von Prototypen. Das bekannteste Verfahren dafür war bisher die Stereolithographie. Aber die Ansprüche an den ersten Prototypen werden immer größer. Er soll möglichst aus demselben Material sein wie das spätere Serienprodukt, damit die exakten Festigkeiten und Materialeigenschaften eingeschätzt werden können. Man spricht nicht mehr von Prototypen, sondern von Funktionsmustern. Die Verbesserung von Rapid-Prototyping-Verfahren ist ein Forschungsbereich, an dem mit großem Interesse gearbeitet wird.

## Stereolithographie

In diesem Verfahren werden auf Grundlage digital erstellter Zeichnungen dreidimensionale Gegenstände modelliert. Ein computergesteuerter Laserstrahl fokussiert die entsprechenden Bereiche in einem Polymerbad, woraufhin diese in einen festen Zustand übergehen. Das Modell wächst kontinuierlich, bis alle Details vollständig ausgebildet sind, und härtet in einem Trocknungsraum aus. Die Stereolithographie ermöglicht die schnelle Herstellung eines komplexen Prototypen ohne Formenbau.

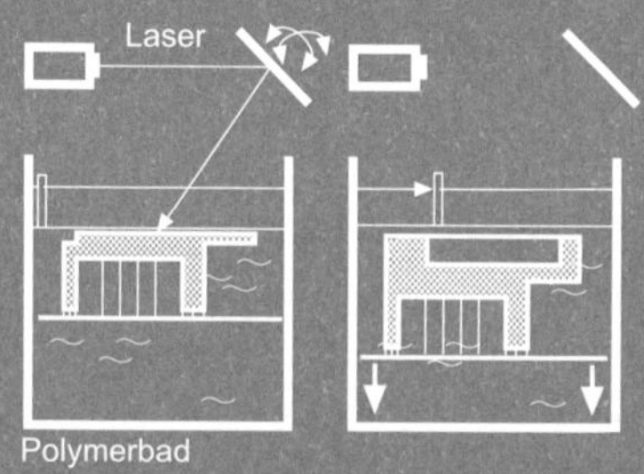


## Selective Powder Sintering

Das Selective Powder Sintering ist ein Rapid-Prototyping-Verfahren. Es dient der Herstellung von Funktionsmustern aus Metall, die den späteren Serienprodukten beinahe entsprechen. Feinstes Metallpulver wird mit einem computergesteuerten Laser angeschmolzen. Schicht für Schicht wird neues Pulver über den bereits verschmolzenen Bereich gelegt, um dann mit der unteren Schicht verschmolzen zu werden. Der präzise Laser fährt hochkomplexe Konturen und kleinste Details ab. So entstehen dreidimensionale, formal höchst anspruchsvolle Bauteile aus Metall mit der gleichen Dichte und Verschleißfestigkeit wie Produkte, die auf konventionellem Wege hergestellt werden.

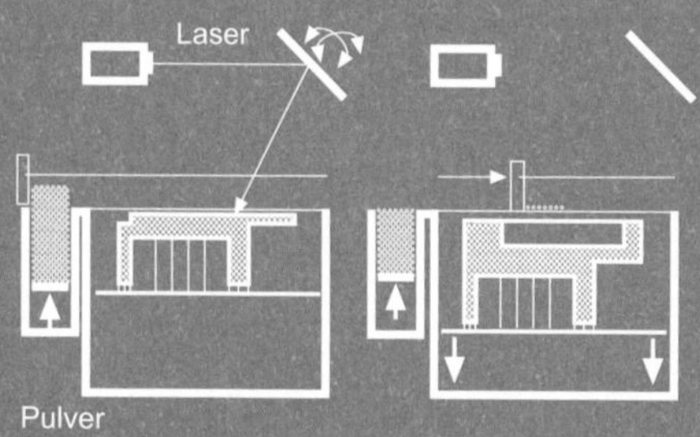

## Rapid Tooling

Rapid Tooling meint die schnelle Herstellung von Umformwerkzeugen vor allem für die Metallverarbeitung. Auch hier ist die Geschwindigkeit Motor für die Entwicklung von Werkzeugen, die möglichst schnell zur Verfügung stehen und hohe Standzeiten besitzen sollen.

## Laminated Object Manufacturing

Im Laminated Object Manufacturing können ausgehend von einem digitalen 3D-Modell unmittelbar Werkzeuge hergestellt werden. Dazu wird das 3D-Modell im Rechner in horizontale Schichten geteilt und berechnet. Ein computergesteuerter Laser schneidet dann aus einer Lage Prepreg-Papier die entsprechende Form heraus. Diese wird von einer beheizbaren Druckwalze auf die vorangehende Papierschicht gewalzt und verbindet beide. Je nach Größe des Werkzeugs kann der Aufbau mitunter aus mehreren Tausend Lagen Papier bestehen. Nachdem die Oberfläche versiegelt wurde, kann in einer solchen Form zum Beispiel Stahl umgeformt werden. Sie hält einem Druck von bis zu 20 Tonnen stand.

## Mikrostrukturierung

Unter Mikrostrukturierung versteht man die Herstellung von Oberflächenstrukturen, deren Erhebungen und Vertiefungen nur ein zehntel bis ein zehntausendstel Millimeter betragen. Die mikrostrukturierten Oberflächen können unterschiedlichste Eigenschaften wie Reflexion, Selbstreinigung und Lichtstreuung besitzen. Die künstliche Haifischhaut zum Beispiel hat sehr feine Rillen. Sie verringern den Strömungswiderstand und sind reibungsärmer als glatte Flächen. Diesen Effekt hat man auf Flugzeuge übertragen und festgestellt, daß durch eine mikrostrukturierte Oberfläche Treibstoff eingespart würde. Mikrostrukturierungen werden durch ultrapräzise spanabhebende Maschinen erzeugt. Diese können inzwischen Strukturen im Nanometerbereich drehen, fräsen, bohren, schleifen und lasern.

## Virtual Prototyping

Virtual Prototyping soll bald den Bau von physikalischen Prototypen ersetzen. Design, Konstruktion, Zusammensetzen der Bauteile, Tests, Änderungen an den entsprechenden Fehlstellen und eventuelle Probeläufe werden dann am Computer bearbeitet und in interaktiven 3D-Szenarien dargestellt. Ein virtueller Raum aus stereoskopischen Mehrwandprojektionen dient Gestaltern und Ingenieuren dazu, sich das Objekt von allen Seiten im Maßstab 1:1 anzusehen und Veränderungen vorzunehmen, indem sie die entsprechenden Daten verändern. Das erste Programm wird derzeit in der Automobilindustrie getestet. Virtual Reality, so wird vermutet, ist die zukünftige Schlüsseltechnologie für eine schnelle Produktentwicklung.

# Anhang

## Index

**Smart Materials + Nanokomposite**

**Technologien**

## Literatur

### Bücher

Antonelli, Paola: Mutant Materials in Contemporary Design, Museum of Modern Art, New York 1995

Ashby, Mike / Johnson, Kara: Materials and Design, Oxford 2002

Bonten, Christian: Kunststofftechnik für Designer, München 2003

Casteli Ferrieri, Anna: Interface della materia, Mailand 1991

Ilschner, Bernhard: Werkstoffwissenschaften, Berlin 1982

Langenmaier, Arnica-Verena (Hrsg.): Der Stoff der Dinge. Material und Design, München 1994

Lyotard, Jean-François: Immaterialität und Postmoderne, Berlin 1985

Manzini, Ezio: The Material of Invention, Mailand 1986

Merkel, Manfred / Thomas, Karl-Heinz: Taschenbuch der Werkstoffe, Leipzig 2000

Phillips, Leslie N.: Design with advanced composite materials, Berlin u.a. 1989

Serres, Michel: Die fünf Sinne, Frankfurt 1993

### Zeitschriften

Abler, Robert: Recycling plastic products, in: Design No. 508, 1991

Bates, Derek: Choosing the right fibre, in: Design No. 505, 1991

Beevers, Andy: Working under pressure, in: Design No. 488, 1989

Borgia, Marianna: Changing materials, in: modo No.165, 1995

Bursch, Birgit: Flachs, Hanf und Co, in: Form 148, 1994

Bursch, Birgit: light weight, in: Form Nr. 136, 1991

Casciani, Stefano: Design applications, materiali anni novanta, in: Arbitrare No. 327, 1994

Coxon, Judith: Material information centre London, in: Design No. 468, 1987

Doveil, Frida: Beyond the wonders of technology, in: Modo No. 131, 1991

Fraunhofer Magazin, Zeitschrift für Forschung, Technik und Innovation, München 1995-2000

hand outs, Institut für Neue Materialien (INM) Saarbrücken 1996-2000

Hartley, Peter: new casting techniques, in: Design No. 515, 1991

Inomata-Katalog '96, zu bestellen bei: Dechema e.V. Frankfurt

Katz, Sylvia: Plastic technology, A superiour sandwich, in: Design No. 465, 1987

Migliore, Ico / Servetto, Mara: Material is always problematic, in: Interni No. 419, 1992

Pollock, Naomi: Cardboard use in japanese architecture, in: Metropolis vol. 13, 1994

Rizatto, Paolo: Materials and design, in: Domus no. 756, 1994

Santachiara, Denis: Design and composite materials, in: Interni No. 407, 1991

Santachiara, Denis: The immaterials of design, in: Interni No. 405, 1990

Schott Information 1997-2000, Herausgeber: Schott Glas, Mainz

Sherman, Suzette: Sawdust goes upscale, in: I.D. USA vol. 42, No. 2, 1994

„Wuppertalpapers", Schriftenreihe zu Ökologie und Produkt, im Wuppertal Institut für Klima, Umwelt, Energie zu erhalten

## Websites

Rat für Formgebung/German Design Council
http://www.german-design-council.de

Deutsche Forschungsgemeinschaft
http://www.dfg.de
http://www.dfg.de/aktuell/pressemitteilungen/Archiv/presse 2000

Ausstellung „Mutant Materials in Contemporary Design"
http://www.sva.edu/moma/mutantmaterials/MuMAcover.html

Symposium „Werk-Stoff"
http://www.BauNetz.de/arch/bauwelt/
(unter „Rückschau" Heft 3/00 - Von den Materialien)
http://idw.tuclausthal.de/public/pmid-13410/zeige pm.html

Smart Clothing
http://www.reima.fi

Konferenz „doors of perception 6: lightness"
http://www.doorsofperception.com/framesets/doors6 frameset.html

Prof. Kevin Warwick
http://www.rdg.ac.uk/TCS/Staff/Prof kevin Warwick/prof kevin warwick.html

Festo AG
http://www.festo.com

Materialconnexion (Datenbank)
http://www.materialconnexion.com

Tecnaro (Werkstoff Arboform)
http://www.tecnaro.de

Institut für Neue Materialien (INM)
http://www.inm-gmbh.de

Spektrum der Wissenschaft
http://www.spektrum.de

Verlag des Vereins Deutscher Ingenieure
www.vdi-verlag.de

## Ausgewählte Institute + Firmen

| | |
|---|---|
| **Holz** | Deutsches Institut für Holzforschung, München |
| **Metall** | Fraunhofer Institut, Bremen<br>Fraunhofer Institut, Dresden<br>TU Chemnitz Zwickau |
| **Glas** | Schott Glas, Mainz |
| **Keramik** | Deutsches Zentrum für Luft- und Raumfahrt, Stuttgart (Faserkeramik)<br>Institut für Neue Materialien, Saarbrücken<br>Fraunhofer Institut, Dresden<br>Technische Universität Hamburg-Harburg |
| **Verbundwerkstoffe** | Verbund Werkstoff Labor, Bremen<br>Deutsches Zentrum für Luft- und Raumfahrt, Braunschweig<br>(Verbundwerkstoffe aus nachwachsenden Rohstoffen) |
| **Kunststoffe** | Verband Deutscher Kunststoffhersteller<br>Bayer AG, Leverkusen<br>Universität Gesamthochschule Paderborn (Werkstoffwissenschaft) |
| **Smart Materials + Nanokomposite** | Institut für Neue Materialien (INM), Saarbrücken<br>Universität Würzburg<br>Fraunhofer Institut München, Arbeitsgruppe Physikalische Sensoren |
| **Technologien** | Fraunhofer-Allianz (Rapid Prototyping)<br>Verein Deutscher Ingenieure, Technologiezentrum, Düsseldorf |
| **Bionik** | Gesellschaft für Technische Biologie und Bionik, Universität des Saarlandes, Saarbrücken |

**Bildnachweis + Quellen**

| | |
|---|---|
| 18 + 19 | Nicola Stattmann, Geschnittene Strohhalme, photographiert im Institut für Neue Materialien (INM), Saarbrücken |
| 23 | Nicola Stattmann, photographiert im Museum für Angewandte Kunst (MAK), Frankfurt am Main |
| 25 | Vitra Design Museum, Weil am Rhein |
| 27 | Nicola Stattmann, photographiert im Museum für Angewandte Kunst (MAK), Frankfurt am Main, Hersteller: Saba |
| 29 | Zöllig Holzleimbau AG, Arbon, Schweiz |
| 31 | Nicola Stattmann, Objekt zur Verfügung gestellt von Alpi Holz GmbH, Bad Salzuflen |
| 33 | Nicola Stattmann, Objekt zur Verfügung gestellt vom Deutschen Institut für Holzforschung, München, und Prof. Jun Kobashi, Machida City, Tokio, Japan |
| 35 | Nicola Stattmann, Objekt zur Verfügung gestellt von Reholz GmbH, Dresden |
| 37 | Nicola Stattmann |
| 41 | Nicola Stattmann |
| 43 | Nicola Stattmann, photographiert im Fraunhofer Institut Bremen |
| 45 | Nicola Stattmann, photographiert im Fraunhofer Institut Bremen |
| 47 | Nicola Stattmann |
| 51 | Nicola Stattmann, photographiert im Museum für Angewandte Kunst (MAK), Frankfurt am Main |
| 53 | Amann & Tritt, Schwerzen |
| 55 | Nicola Stattmann |
| 57 | Schott Glas, Mainz |
| 59 | Nicola Stattmann, photographiert im Institut für Neue Materialien (INM), Saarbrücken |

61 Deutsches Zentrum für Luft- und Raumfahrt, Stuttgart

63 TU Dresden, Institut für Werkstoffwissenschaft

65 Tim Hühner, photographiert in der Ausstellung Material Vision, Messe Frankfurt, Objekt zur Verfügung gestellt vom Fraunhofer Institut IKTS, Dresden

69 Nicola Stattmann

71 Nicola Stattmann, photographiert im Museum für Angewandte Kunst (MAK), Frankfurt am Main

73 Nicola Stattmann, Hersteller: Nike

75 Nicola Stattmann

77 Nicola Stattmann

79 Nicola Stattmann

81 Degussa-Hüls AG, Marl

83 Nicola Stattmann, photographiert im Institut für Neue Materialien (INM), Saarbrücken

85 Nicola Stattmann, Objekt zur Verfügung gestellt von Mayser GmbH & Co, Lindenberg

87 Nicola Stattmann

89 Nicola Stattmann, photographiert bei Elkamet Kunststofftechnik, Biedenkopf

91 Nicola Stattmann, photographiert bei Elkamet Kunststofftechnik, Biedenkopf

93 Fraunhofer Gesellschaft

95 Nicola Stattmann, Objekt zur Verfügung gestellt von GE Plastics

97 Nicola Stattmann, Hersteller: Cenovis GmbH

99 Nicola Stattmann, Objekt zur Verfügung gestellt vom Deutschen Zentrum für Luft- und Raumfahrt, Braunschweig

103 Nicola Stattmann, photographiert im Museum für Angewandte Kunst (MAK), Frankfurt am Main

| | |
|---|---|
| 105 | Nicola Stattmann, photographiert im Institut für Neue Materialien (INM), Saarbrücken |
| 107 | Nicola Stattmann |
| 109 | Nicola Stattmann, photographiert im Institut für Neue Materialien (INM), Saarbrücken |
| 111 | Nicola Stattmann, photographiert im Institut für Neue Materialien (INM), Saarbrücken |
| 113 | Nicola Stattmann, photographiert im Institut für Neue Materialien (INM), Saarbrücken |
| 115 | Professor Jochen Fricke, Universität Würzburg, Physikalisches Institut |
| 117 | Henning Christoph. DAS FOTOARCHIV. Zur Verfügung gestellt vom Institut für Neue Materialien (INM), Saarbrücken |
| 119 | Nicola Stattmann, photographiert im Institut für Neue Materialien (INM), Saarbrücken |
| 121 | Forschungsinstitut Senckenberg, Biebergemünd-Bieber |
| 122 + 123 | Nicola Stattmann, Metallschwamm |
| 136 + 137 | Nicola Stattmann, Polyurethanschaum |

## Dank

von ganzem Herzen an

Martijn Hoogendijk
Jan Schulz
Stefan Wunderlich
Mark van den Driest
Jörg Gimmler
Johannes Fuchs
Katja Holst
alle Wissenschaftlerinnen und Wissenschaftler für die wunderbare Zusammenarbeit
alle Firmen für die Besichtigungen, Informationen und Materialien
Rat für Formgebung / German Design Council, Frankfurt am Main
und **av**edition, Ludwigsburg, für die Ermöglichung des Projekts

## Impressum

**Bibliografische Information der Deutschen Bibliothek**
Die Deutsche Bibliothek verzeichnet diese Publikation in der Deutschen Nationalbibliografie; detaillierte bibliografische Daten sind im Internet über http://ddb.de abrufbar.

| | |
|---|---|
| Herausgeber: | Rat für Formgebung / German Design Council |
| Text + Gestaltung: | Nicola Stattmann |
| Redaktion: | Anja Schrade |
| Titelgestaltung: | **av**communication AG, Carmen Heinemann |
| Titelphoto: | Nicola Stattmann |
| Titelmotiv: | Netzwerkstoff 3D TEX, Mayser GmbH & Co., Lindenberg |
| Litho: | **av**communication AG, Corinna Rieber |
| Druck: | Leibfarth + Schwarz GmbH + Co. KG, Dettingen / Erms |
| Papier: | Nonstop-Offset, 150g holzfrei weiß |

Das Handbuch Material Technologie erscheint als Band 9 der vom Rat für Formgebung / German Design Council herausgegebenen Schriftenreihe „Design im Kontext".



ISBN 3-89986-007-1

Printed in Germany